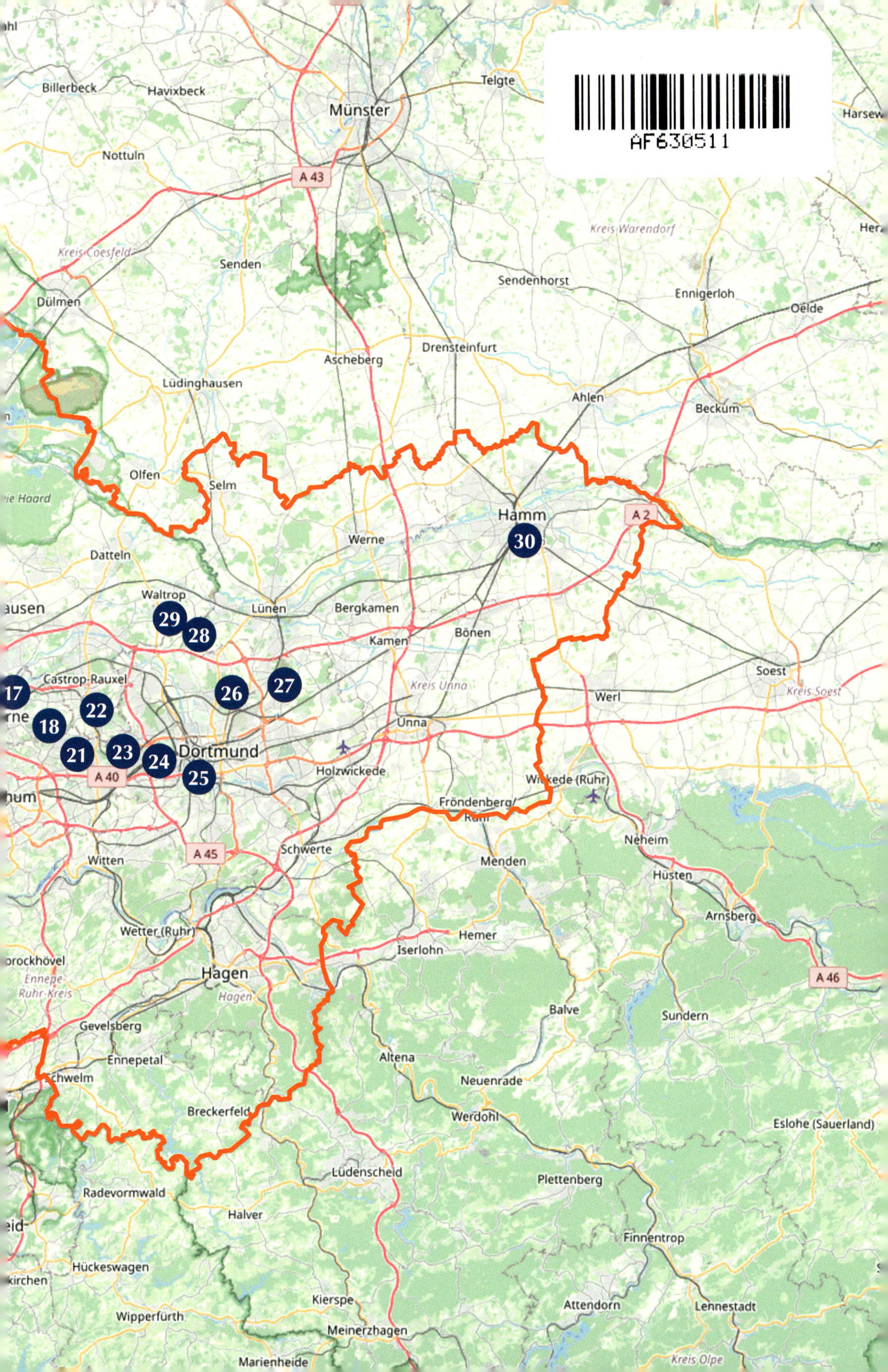

Billerbeck
Havixbeck
Münster
Telgte
Harsew
Nottuln
A 43
Kreis Coesfeld
Senden
Kreis Warendorf
Her
Sendenhorst
Dülmen
Ennigerloh
Oelde
Drensteinfurt
Ascheberg
Lüdinghausen
Ahlen
Beckum
Olfen
Selm
ie Haard
Hamm
A 2
30
Werne
Datteln
Waltrop
Lünen
Bergkamen
29
28
Kamen
Bönen
Soest
Castrop-Rauxel
26
27
Kreis Unna
Kreis Soest
17
22
Werl
18
Unna
21
23
24
Dortmund
Holzwickede
A 40
25
Wickede (Ruhr)
Fröndenberg/Ruhr
Neheim
Schwerte
A 45
Witten
Menden
Hüsten
Arnsberg
Wetter (Ruhr)
Hemer
Iserlohn
Ennepe-Ruhr-Kreis
Hagen
A 46
Balve
Sundern
Gevelsberg
Ennepetal
Altena
Schwelm
Neuenrade
Werdohl
Breckerfeld
Eslohe (Sauerland)
Lüdenscheid
Radevormwald
Plettenberg
Halver
Finnentrop
Hückeswagen
Kierspe
Attendorn
Lennestadt
Wipperfürth
Meinerzhagen
Marienheide
Kreis Olpe

Friedhelm Wessel

Zechen im Ruhrgebiet

30 Highlights aus der **Geschichte**

Schwarzes Gold aus dem Revier

SUTTON

Inhalt

JACOBI
1974
Der Letzte

Vorwort

Glückauf liebe Leserin, lieber Leser, Glückauf liebe Bergleute und Freunde des Bergbaus,

30 Zechen im Revier, 30 Zechen im Ruhrgebiet!

Mit ihrer Vorstellung und ihrer Charakterisierung ist dem Autor Friedhelm Wessel, selbst langjähriger Bergmann und mit der Materie tief vertraut, ein schönes, kurzweiliges und dennoch aussagekräftiges Werk gelungen. Es werden wichtige, tragische und schöne Ereignisse, aber auch Anekdoten und Anekdötchen der Bergleute auf den Bergwerken und den Menschen darum herum beschrieben.

Zechen waren in der dargestellten Zeit, besonders im 20. Jahrhundert, als das „schwarze Gold" den Wiederaufbau Deutschlands im wahrsten Sinne des Wortes befeuert und später Jahrzehnte für die Energiesicherheit verlässlich eingestanden hat, prägende Orte, die vielen Menschen Broterwerb und Lebensgrundlage und auch sozialer Lebensmittelpunkt waren. In erster Linie natürlich für die Beschäftigten der großen und kleinen Steinkohleunternehmen dieser Zeit. Aber auch für die Bevölkerung der Ortschaften und Städte, in denen Zechen oftmals auch geografisch und sozial das Zentrum der Gemeinde beziehungsweise der Stadt gebildet haben. Diese Zentren der Arbeit und Industriekultur strahlten aus in die Gemeinde, in die Gesellschaft und prägten dort ebenfalls die Kultur mit den bergmännischen Tugenden Fleiß, Ehrlichkeit, Toleranz und Kameradschaft.

Dem Autor Friedhelm Wessel gelingt es, mit seinem Streifzug durch die ausgewählten Zechen vom West- bis zum Ostruhrgebiet auch ein Stück weit die „Menschen im Revier" mit ihren Stärken und liebenswerten Schwächen zu charakterisieren.

30 Zechen im Revier, 30 Zechen im Ruhrgebiet!

Das sind Stätten der Industriekultur, Erinnerungsstätten von Arbeit und Leben eines besonderen Berufes, dem die Gefahren unter Tage eine ganz eigene Prägung gaben. „Achte auf deinen Kumpel!" – egal, woher er kommt oder woran er glaubt. So lautet zum Beispiel eine Botschaft des Bergmanns, die die Toleranz im Schmelztiegel des Ruhrgebiets bis heute ausmacht. Davon können wir noch heute lernen.

2018 wurde das letzte Stück deutscher Steinkohle aus dem Bergwerk Prosper-Haniel, im Herzen des Ruhrgebiets, in Bottrop, gefördert und damit die letzte deutsche Steinkohlenzeche geschlossen. Damit ging eine beeindruckende, über 150-jährige Industriegeschichte zu Ende.

Zechen sind Erinnerungskonstanten an ein anspruchsvolles Zeitalter in unserer Industriekultur, die weiten Einfluss auf die Menschen in ihrer Umgebung, die Region und das Land hatten. Nicht umsonst wurde die Zeche Zollverein in Essen zum Weltkulturerbe ernannt. Aber ihre kleineren „Brüder und Schwestern", die Friedhelm Wessel uns mit diesem Buch liebevoll vorstellt, stehen der Zeche Zollverein in Stolz und Würde in nichts nach.

Ich ermutige Sie deshalb, liebe Leserinnen, liebe Leser und liebe ehemalige Bergleute und Freunde des Bergbaus, nutzen Sie die Lektüre dieses schönen Buches und begeben Sie sich anschließend, in ihrer Freizeit, auf Spurensuche. Teilweise werden Ihnen die ehemaligen Zechen, umgewidmet, mit neuem Leben und neuen Aufgaben begegnen. Andere wiederum liegen in einem Dornröschenschlaf.

Sehenswert sind sie alle!

Ich verbleibe mit einem
herzlichen Glückauf!

Ihre
Barbara Schlüter
Vorsitzende des Konzern- und Gesamtbetriebsrates der RAG Aktiengesellschaft (vormals Ruhrkohle AG) i.R.

In der Schmiede der Herner Zeche Friedrich der Große 1/2 begrüßte Werkstattleiter Kischkel am 1. April 1959 im Rahmen einer kleinen Willkommensfeier die neuen Bergjungleute sowie die Berg- und Handwerkslehrlinge.

1 Bergwerk West

Das Bergwerk West entstand aus dem Zusammenschluss von Pattberg 1/2, Rossenray 1/1, Niederberg 8/9 und Rheinberg. Ursprünglich als Friedrich Heinrich 1/2 ab 1912 begonnen, waren auf Friedrich Heinrich mit den vier Schächten einst bis zu 4.200 Mitarbeiter tätig. Die höchste Förderung lag bei 2,6 Millionen Jahrestonnen.

Auf dem späteren Großbergwerk (ab 2001) waren zeitweise bis zu 8.110 Kumpel beschäftigt. Am 31. Dezember 2012 wurde das RAG-Bergwerk stillgelegt. Die verfüllten Schächte 1 und 2 in Kamp-Lintfort blieben als Denkmale als Teil der Landesgartenschau 2020 erhalten.

Als dieses Foto in Kamp-Lintfort entstand, waren die Tage des Bergwerkes West bereits gezählt.

Verjüngende Grubenfahrt

Mit diesem Anruf hatte ich nicht gerechnet. Doch im April 2010, als Mitarbeiter der LWL-Zeche Zollern in Dortmund-Bövinghausen einer Grubenfahrt-Einladung des Betriebsrates des Bergwerkes West in Kamp-Lintfort folgten, war ganz plötzlich ein Platz frei geworden. Daher musste alles sehr schnell gehen: Innerhalb einer Stunde standen mein Kollege Wolfgang – der bereits angemeldet war – und ich vor dem imposanten Gebäudetrakt an der Friedrich-Heinrich-Allee in Kamp-Lintfort. Bevor wir die Treppenstufen emporstiegen, fragte mich Wolfgang so ganz nebenbei: „Wie alt bist du eigentlich?" Etwas irritiert schaute ich ihn an: „Bin gerade 65 geworden." Er stutzte zunächst, dann lachte er: „Na ja, ab heute bist du gerade 60, denn aus Sicherheitsgründen ist das die Altersobergrenze für Grubenfahrten." Ich nickte nur und sagte nichts.

Die anschließende Grubenfahrt verlief ohne Probleme. Im Gegensatz zu einigen meiner wesentlich jüngeren Mitfahrer konnte ich sogar einen Förderberg mittels einer Fahrhilfe bewältigen. Eigentlich hatte ich mir diese Besichtigungstour, die auch in ein untertägiges Lehrrevier führte, viel anstrengender vorgestellt. Auf der Rückfahrt von Kamp-Lintfort nach Herne fragte Wolfgang: „Wie war die Grubenfahrt?" Ich antwortete nur: „Könnte ich eigentlich jeden Tag machen, denn dann werde ich ja immer jünger …"

Aber es war tatsächlich nicht die letzte Grubenfahrt meines Lebens, denn einige Zeit später fuhr ich noch einmal auf Prosper-Haniel, Schacht 10, ein, da spielte die Altersbegrenzung aber keine Rolle, weil wir uns auf der neuen 7. Sohle in Schachtnähe bewegten.

Blick in die Lohnhalle des Bergwerkes Friedrich Heinrich – später Bergwerk West.

Seit dem Frühjahr 2020 lädt dieser Wasserspielbrunnen zum Verweilen und Staunen auf dem ehemaligen Zechengelände ein.

Ein weiterer Blick in die ehemalige Zechenlohnhalle.

Im Schatten der Fördertürme versorgten etliche Gastronomiebetriebe auf dem Gelände der LAGA 2020 (Landesgartenschau) die Besucher mit Speis und Trank.

2 Zeche Walsum

Die markanten Fördergerüste des ehemaligen Bergwerkes Walsum.

Die Zeche Walsum nahm erst 1930 nach vielen Rückschlägen die Förderung auf. Bis zur Stilllegung im Jahr 2008 wurden hier fast 160 Millionen Tonnen Kohle gefördert. Zunächst standen dem Bergwerk am Ufer des Rheins nur zwei Schächte zur Verfügung, später übernahm es unter anderem Schächte der ehemaligen Zechen Wehofen, Rheinberg, Rheinland, Rheinpreußen und Friedrich Heinrich. Die höchste Förderung meldete das Bergwerk im Jahr 1980 mit 3,225 Millionen Tonnen. Die maximale Förderung wurde jedoch 1982 mit 3,338 Millionen Tonnen erreicht, damals waren 4.606 Kumpel auf dem Bergwerk tätig. Zur Erweiterung des Grubenfeldes wurde 1987 noch der Schacht Vörde in Betrieb genommen. 2008 endete die Ära dieses Bergwerkes. Erhalten blieb nach dem Abriss der Anlage der denkmalgeschützte Franz-Lenze-Schacht, das Fördermaschinenhaus und ein Lüftergebäude.

Der Beginn einer Bergbaukarriere in Flöz P

Eigentlich wollte er Physiker werden, doch es kam anders: Denn zwischenzeitlich hatte Jürgen Eikhoff während mehrerer Zechenbesuche Grubenluft geschnuppert. Bald stand sein Entschluss daher fest: „Ich gehe in den Bergbau." Nach dem Abitur in Moers rief jedoch zunächst die Bundeswehr. Als 18-Jähriger wurde Eikhoff in Norddeutschland zum Panzerfahrer ausgebildet. Danach ging es nach Aachen, wo er von 1978 bis 1982 das Fach Bergbau studierte.

Auf der Zeche Walsum war der gebürtige Moerser dann 1982 bei seiner ersten Anlegung der jüngste Angestellte. Im Dezember 1983 übertrug man ihm die Leitung eines Hobelstrebes. „Drei Kettenrisse innerhalb von drei Tagen – kein guter Start", lacht der Bergbau-Ingenieur, der sich gerne an seine Zeit in Flöz P zurückerinnert. Auf Walsum empfahl sich Eikhoff für größere Aufgaben. So wechselte er zur Schachtanlage Friedrich Heinrich. Hier begann er als Fahrsteiger und wurde später Obersteiger. Als er diesen Pütt nach zehn Jahren verließ, war er bereits Grubeninspektor. Von 1994 bis 1998 pendelte Eikhoff dann tagtäglich zwischen seinem Wohnort Moers und Hamm, wo er inzwischen als Betriebsdirektor auf der Schachtanlage Robert Heinrich arbeitete.

1998 wurde ihm schließlich die Leitung des Verbundbergwerkes Prosper-Haniel übertragen. Hier trat er die Nachfolge von Dr. Eisenmenger an, der ins Saarland wechselte. „In Bottrop war ich nun für 4.000 Kumpel verantwortlich", erzählt Eikhoff. Unter seiner Regie wurde ab 1998 die Anzahl der Abbaubetriebe halbiert. „So konnten wir effektiver und kostengünstiger arbeiten", so Eikhoff, der auch die Auffahrung einer neuen Verbindungsstrecke von Schacht 10 zum Schacht Hünxe auf den Weg brachte. „Eine gute Wetterführung ist sehr wichtig", erklärt der Bergbau-Ingenieur.

Jürgen Eikhoff begann seine Bergbaukarriere einst auf der Zeche Walsum.

In seine „Amtszeit" auf Prosper-Haniel fiel auch der erste Gurtwechsel des 1987 in Betrieb genommenen Bandes im Förderberg. „Ostern 2000 sollte es so weit sein, doch es gab unvorhergesehene technische Schwierigkeiten. Daher klappte der damals angedachte Wechsel auch erst im zweiten Versuch", erinnert sich der ehemalige Werksleiter, der danach in den DSK-Vorstand berufen wurde.

Auch dem Vorstand der RAG gehörte Jürgen Eikhoff bis 2013 an. „Manchmal muss man auch unangenehme Dinge erledigen, dazu gehörte die Bekanntgabe der Schließung der Zeche Lohberg. Ein beklemmendes Gefühl", erzählt Eikhoff, der im Oktober 2017

Im heimischen Wohnzimmer erinnern Wetterlampe und Selbstretter Jürgen Eikhoff an seine aktive Bergbauzeit.

seine letzte Grubenfahrt auf Prosper-Haniel unternahm. Werksleiter Jürgen Kroker hatte ihn dazu eingeladen. „Ein Steiger, der, als ich Werksleiter war, Strebmeister auf dem Pütt war, hat mich wiedererkannt und freudig begrüßt. Für mich ein Indiz, dass ich nicht ganz in Vergessenheit geraten bin", lacht Eikoff, der als Mitglied des DSK-/RAG-Vorstandes etliche Prominente bei Untertagebesuchen begleitet hat. So die „Knappen", die Mannschaft von Schalke 04. Erst nach seiner Pensionierung fand der Bergbau-Ingenieur Zeit und Muße, sich seinem Hobby zu widmen: der Musik. Ob er, wenn ihn die Wehmut nach Grubenluft überkommt, das „Steigerlied" auf dem Klavier spielt, das in seinem Arbeitszimmer steht, darüber schweigt der Moerser, der es nie bereut hat, Bergmann geworden zu sein.

Blick auf die gewaltige Anlage der Zeche Walsum am Ufer des Rheins.

3 Zeche Lohberg

Die Schachtanlage Lohberg in Dinslaken (Kreis Wesel) nahm die Förderung 1914 auf. Einst verfügte die Anlage, die 2005 geschlossen wurde, über sechs Schächte. Die höchste Förderung erreichte der Pütt im Jahr 1979. Die Lohberg-Kumpel bauten damals 3,13 Millionen Tonnen Kohle ab. Den höchsten Mitarbeiterstand meldete das Bergwerk im Jahr 1958. Damals waren hier 5.234 Kumpel beschäftigt. Ab 1992 bildeten die Dinslakener Anlage und das benachbarte Bergwerk Osterfeld (Oberhausen) ein Verbundwerk. Nach der Schließung blieb der Schacht 2 im Wesentlichen als Wahrzeichen auf dem Lohberger Gelände erhalten, auch die Zechenwerkstatt, die unter Denkmalschutz steht, wird heute als Ort der Begegnung genutzt.

Arbeitsjacke in Lüfter zerkleinert

Frank Streitberger (geboren 1964), der lange auf Lohberg einfuhr, hat auf diesem Bergwerk viel erlebt – so auch folgende Geschichte. In den 1980er-Jahren hatte sich auf diesem Pütt mal wieder hoher Besuch angekündigt, Ziel der Gruppe war das Revier 03, im Bereich des Blindschachtes 501. Hier wollten die Gäste auch dem Hobelstreb Zollverein 2 einen Besuch abstatten.

Für die Sonderbewetterung stand ein Energiezug mit großem Lüfter und Lutten für die beiden Örter bereit. Während der Nachtschicht wurde daher der Energiezug in der Kopfstrecke vorgezogen, wobei zwischen dem Lüfter und dem vorgeschalteten Schalldämpfer ein etwa 20 Zentimeter breiter Spalt entstand, was aber zunächst nicht auffiel. Bevor die Gästegruppe eintraf, inspizierte der zuständige Steiger nochmals sein Revier, dabei hing seine weiße Arbeitsjacke lässig über der Schulter. Als er an der Spaltstelle vorbeikam, saugte der starke Lüfter das Bekleidungsstück an. In der Ortsbrust staunten die Kumpel wenig später nicht schlecht, als ihnen dort Stoff- und Papierfetzten um die Ohren flogen, denn nicht nur die Arbeitsjacke, sondern auch das Fahr- und Wetterbuch des Steigers hatte der Lüfter angesaugt und zerkleinert. Schnell wurde nun auf Anweisung des „Jackenlosen“ der Lüfter neu verschraubt. Um sich den Besuchern nicht im Unterhemd zu präsentieren, lieh sich Steiger Robert von einem Kumpel eine Jacke, die aber ein paar Nummern zu groß war. Der Steiger in der zu großen Jacke wurde anschließend etwas argwöhnisch von den Gästen betrachtet, doch es gab, so erklärte er danach, keine Mängel im Revier.

Blick auf die ehemalige Zeche Lohberg.

4 Zeche Jacobi

Die Zeche Jacobi im Oberhausener Stadtteil Osterfeld existierte nur von 1913 bis 1974. Die höchste Förderung erreichte die Anlage mit 2,5 Millionen Tonnen im Jahr 1965. Den höchsten Mitarbeiterstand des Pütts, der einst als das „Versailles des Bergbaus" bezeichnet wurde, meldete man 1950. Damals waren über 5.300 Kumpel auf der Anlage mit den beiden Fördertürmen tätig. Ab 1965 gehörte Jacobi zum Verbund mit der benachbarten Zeche Haniel. Zwölf Jahre später erfolgte ein Zusammenschluss zur Großanlage Prosper-Haniel. Damit war das Schicksal von Jacobi – zuletzt nur noch Wetterschacht – besiegelt, die Schächte nebst Tagesanlagen wurden abgerissen. Heute wird das ehemalige Zechenareal als Volksgolfplatz genutzt.

1974 kam das Aus für die Zeche Jacobi in Osterfeld. Für ein „Abschiedsfoto" kletterte ein Kumpel sogar auf einen gut gefüllten Kohlewagen.

Lecker Essen unter Tage

Essen und Trinken spielen im Leben eines Bergmannes eine große Rolle. Mein Vetter Werner (geboren 1945), der für sein Leben gerne Reibepfannekuchen – also Kartoffelpuffer – isst, war unter anderem als Lokfahrer auf verschiedenen Pütts im Großraum Oberhausen/Bottrop tätig. So transportierte er einst per Grubenlok Kohlen, Kumpel und Material auf Jacobi, Sterkrade und Prosper-Haniel. Besonders an seine Zeit als Lokfahrer auf Oberhausener Zechen erinnert sich Werner gerne, denn damals versorgte ihn zunächst seine Mutter und später seine Frau nach Schichtende oft mit leckeren „Reibedatschis". Blieb ein Rest übrig, nahm der begeisterte Lokfahrer die kalten Reibepfannekuchen am nächsten Tag mit zum Pütt. Aber sie kalt zu essen, kam für Werner nicht infrage, stattdessen legte er die Pfannekuchen auf den warmen Akku und wartete, bis seine Butter-Mahlzeit etwas Temperatur angenommen hatte. Mit großem Genuss verzehrte er dann so in seiner

Der ehemalige Bergmann Hans-Werner Steimer erinnert sich gerne an seine Lokfahrerzeit auf Jacobi.

Blick aus Fuhlenbrock auf die Zeche Jacobi.

Jacobi-Kumpel auf dem Weg zum Schacht – gleich beginnt die Seilfahrt.

Dubbelzeit drei bis vier Pfannekuchen. Der Nachteil: Der Duft der Reibepfannekuchen verteilte sich über die Jacobi-Wettersohle. Auf diesen äußerst appetitanregenden untertägigen Geruch wurde auch der zuständige Wettersteiger aufmerksam, er fand aber keine Erklärung dafür. Es dauerte eine ganze Weile und war reiner Zufall, bis er den Übeltäter auf frischer Tat am Akku ertappte. Sein damals fachlicher Kommentar lautete: „Meine Güte, Werner, es riecht hier ja wie auf der Sterkrader Fronleichnamskirmes!“ Vetter Werner setzte seine monatlichen Pfannekuchen-Aufwärmaktionen aber bis zu seiner Pensionierung fort.

Ansichten der ehemaligen Zeche Jacobi – der Haupteingang und der Blick von der Brücke Teutoburger Straße. Rechts erkennt man einige Häuser der zweigeteilten Zechensiedlung.

Nur ein Stück Rohrleitung – sie verband einst die Bergwerke Jacobi und Osterfeld – erinnert heute auf dem Volksgolfplatz Jacobi an die über 60-jährige Zechenvergangenheit.

5 Zeche Haniel

Im Jahr 1921 begann man in Bottrop-Fuhlenbrock mit den Teufarbeiten für den Schacht Franz Haniel. Danach ging man daran, den zweiten Schacht abzuteufen. 1925 stürzte der Schacht 2 ein. Daraufhin ruhten die Arbeiten jahrzehntelang auf diesem Gelände. Erst 1951 erfolgte der Weiterbau der Zeche. Im Jahr 1959 erreichte der Pütt mit seinen 3.212 Kumpel eine Jahresförderung von 1,42 Millionen Tonnen, was 1965 mit einer Jahresfördermenge von 2,44 Millionen Tonnen und 4.547 Mitarbeitern jedoch übertroffen wurde. Damals gab es aber bereits einen Verbund mit dem Nachbarpütt Jacobi in Oberhausen-Osterfeld. 1974 schlossen sich die Bottroper Prosper-Zechen und der Schacht Haniel zum Verbundbergwerk Prosper-Haniel zusammen. Der Schacht 1 auf dem Fuhlenbrocker Werksgelände wurde schon 2002 abgerissen, blieb aber als Befahrungsanlage erhalten. Am 2. Mai 1987 predigte Papst Johannes Paul II. unter dem mächtigen Doppelbock von Haniel. Am 21. Dezember 2018 endete auf dieser Schachtanlage mit der Übergabe des letzten Steinkohlebrockens von Steiger Jürgen Jakubeit an Bundespräsident Frank-Walter Steinmeier die lange Ära des deutschen Steinkohlenbergbaus.

Blick auf den imposanten Doppelbock der Zeche Haniel mit der dahinterliegenden Halde, auf der ein Spurlattenkreuz an den Besuch des Papstes Johannes Paul II. im Mai 1987 erinnert.

Eine alte Grubenlampe als Abschiedsgeschenk

Seine Familie ist dem heimischen Bergbau seit Jahrzehnten verbunden, sein Großvater malochte einst vor Kohle auf der ehemaligen Zeche Fürst Leopold in Dorsten, sein Vater Heinrich legte 1954 auf Haniel an: Ludwig Ladzinski setzte die Familientradition 1970 fort, begann auf Haniel seine Ausbildung zum Starkstromelektriker und wurde Gewerkschaftsmitglied. Als der gebürtige Grafenwälder, der aber inzwischen längst im „Dorf Kirchhellen" heimisch geworden ist, 2013 in den Ruhestand ging, wurde er von etlichen Kollegen, Weggefährten und Vertretern der RAG mit Geschenken, darunter eine alte Grubenlampe, verabschiedet, denn Ludwig hatte sich in Gewerkschaftskreisen längst einen Namen gemacht. 12 Jahre lang fungierte der begeisterte Fußballer als Vorsitzender des RAG-Gesamtbetriebsrates, vertrat so unter anderem die Kumpel bei allen Verhandlungen mit der Bundes-, Landes- und Regionalpolitik.

„Diese Grubenlampe hat sehr viel mitgemacht", erzählt Ladzinski. Sie wurde einst beim zweiten Teufversuch des Haniel-Schachtes gefunden. Die Teufarbeiten an Schacht 2 hatten 1922 begonnen. Drei Jahre später erreichte die Mannschaft bereits eine Teufe von 556 Metern, als am 26. September das Unheil über das Bergwerk hereinbrach: Bedingt durch einen unterirdischen Wassereinbruch bildete sich sogar über Tage ein Krater von etwa 60 Metern Durchmesser, Abteufgerüst, Maschinen und Geräte, die sich in unmittelbarer Nähe befanden, wur-

Ludwig Ladzinski, langjähriger RAG-Gesamtbetriebsratsvorsitzender, mit einem besonderen Abschiedsgeschenk: einer elektrischen Stablampe, die aus den 1920er-Jahren stammt. Diese Lampe wurde bei Nachteufarbeiten des 1922 eingestürzten Schachtes 2 gefunden.

Papst Johannes Paul II. besuchte im Mai 1987 das Bergwerk Prosper-Haniel.

den mit in die Tiefe gerissen. Kumpel kamen nicht zu Schaden. Auf dem Haniel-Gelände wurden zunächst alle Arbeiten eingestellt, erst im Februar 1939 ging es hier bis 1941 weiter. Dann ruhten die notwendigen Aufbauarbeiten erneut. Erst ab 1952 wurde hier erstmals Kohle gefördert.

Beim Tieferteufen des Schachtes 2 wurden später ein Haspel, eine Seilscheibe und die Grubenlampe gefunden. „Sie diente wohl als Warnlampe, denn sie hat ein rotes Glas. Nur der Akku der mehrere Pfund schweren Lampe hatte die Zeit in der Tiefe des Schachtes nicht überstanden. Aber ein tolles Abschiedsgeschenk, es hat in meinem Arbeitszimmer einen Ehrenplatz“, unterstreicht der 1952 geborene Gewerkschaftler, der einst Bundeskanzlerin Angela Merkel eine Verlängerung des damals längst beschlossenen Kohleausstiegs um weitere vier Jahre abrang.

Ludwig Ladzinski, Vater von drei Kindern, ist kein Mann der „lauten Worte“ – er arbeitet auch nach seiner Pensionierung konsequent für seine Kumpel weiter. So gehört er weiterhin als Ehrenamtlicher dem Hauptvorstand der Gewerkschaft, dem Vorstand der Knappschaft und der RAG-Stiftung an. Ambitionen, in die Politik zu wechseln, hat er aber nicht, in seiner wenigen Freizeit widmet sich der Kirchhellener, der zusammen mit einer heimischen Gewerkschaftlerdelegation einst sogar von Papst Johannes Paul II. in Rom empfangen wurde, seinem Kleingarten „In der Bräuke“. Auch dort dreht sich so manches Zaungespräch weiterhin um die Themen Kicker und Energiepolitik, denn Ludwig Ladzinski ist in der Region tief verwurzelt.

Der Schacht Franz Haniel wird demontiert.

Am 21. Dezember 2018 endete die Geschichte des deutschen Steinkohlenbergbaus in Bottrop. Vor dem Zechentor nahmen etliche Bergleute – darunter H.W. Steimer – Abschied von Prosper-Haniel.

Vor dem Werkstor erinnern Bergbaurelikte an die lange Bottroper „Kohlezeit“.

Die Seilscheiben des Schachtes Haniel werden nach der Demontage per Schneidbrenner von einem Abbruchspezialisten zerlegt.

6 Zeche Prosper

Die Schachtanlage Prosper in Bottrop nahm 1861 den Betrieb auf. Bis 1958 wurden insgesamt neun Schächte abgeteuft. Ab 1950 übernahm Prosper auch die Anlage von Arenberg-Fortsetzung. Die höchste Förderung meldete das Bottroper Bergwerk im Jahr 1953. Damals waren auf den Prosper-Schachtanlagen rund 12.000 Kumpel beschäftigt, sie förderten 3,1 Millionen Tonnen Kohle innerhalb eines Jahres. 1971 pendelte sich die Jahresförderung bei 3,5 Millionen Tonnen ein. Nun waren aber nur noch 5.000 Kumpel auf den Anlagen tätig. 1974 erfolgte der Zusammenschluss mit den Schachtanlagen Jacobi (Oberhausen) und Haniel zum Werksverbund Prosper-Haniel, der die Förderung 2018 als letztes Steinkohlenbergwerk Deutschlands einstellte. Auf der Anlage von Prosper 2 blieb nur der Malakoffturm als Denkmal erhalten, von Prosper 3 sind heute noch ein paar Gebäude und Teile der ehemaligen Zechenmauer zu sehen.

Blick auf die Anlage von Prosper 3. Auf dem ehemaligen Zechenareal entstanden Gewerbeflächen und ein neues, citynahes Wohngebiet.

Von einem Gewerkschaftler, der als Pferdejunge begann

„Wer auf der Bergmannstraße geboren wurde, konnte doch nur Bergmann werden", lachte Hans Schallwig, der im März 2021 verstorben ist. Der ehemalige Bottroper Bergmann konnte auf ein bewegtes und abwechslungsreiches Leben zurückblicken. „Ich habe nie die Hände in den Schoss gelegt, war Gewerkschaftler, Knappschaftsältester und Sportler", erzählte der gebürtige Ebeler Heinz Schallwig, der 1950 seine Ausbildung zum Bergmann auf Prosper 1 begann. „Ich wurde, wie damals üblich, auch am Leseband eingesetzt, später war ich dann Pferdejunge auf der 4. Sohle von Prosper 1 bei Stallmeister Tefett", berichtete der Ex-Kumpel. „Mein Pferd hieß ‚Konsul'. Auch an die Namen der anderen Grubengäule erinnere ich mich noch: ‚Rosika', ‚Rosa' und ‚Lützow'. Das war aber ein Schlawiner, der klaute den Kumpel die mitgebrachten Dubbels", erzählte Schallwig weiter. Bis 1957 wurde das Pferde-Quartett, das der Gelsenkirchener Firma Bischoff gehörte, auf Prosper eingesetzt.

Bergmann Heinz Schallwig (1935–2021) begann 1950 seine Ausbildung auf der Schachtanlage Prosper 1.

Schon während seiner Ausbildung zum Bergmann trat der 1935 geborene Ebeler der IG Bergbau bei und wurde Jugendvertreter. Damit war sein Weg als Gewerkschaftler auf dem Pütt vorgezeichnet. So nebenbei spielte er Fußball beim VfR Ebel, schaffte es sogar bis in die Niederrheinauswahl, gründete zusammen mit seinen Ebeler Kollegen Winfried Kraas und Paul Schajor die dortige IG-Ortsgruppe.

Stundenlang konnte Heinz Schallwig Anekdoten vom Pütt und seinen oft prominenten Mitstreitern erzählen. „Einmal ließ mich der spätere Werkschef Hanns Ketteler auf die 7. Sohle rufen. Im Aufhauen ‚Herrenbank' war ein Bruch gefallen. Drei Kumpel waren eingeschlossen. Hanns wusste wohl meine bergmännischen Fähigkeiten zu schätzen. Gemeinsam konnten wir die Kameraden nach Stunden wohlbehalten befreien", berichtete Schallwig nicht ohne Stolz.

„In Ebel lernte ich so ganz nebenbei auch Polnisch. War ja damals die zweite Amts- und Arbeitssprache", lachte Schallwig, der 36 Jahre bis 2010 als Knappschaftsältester fungierte. Als „Unruheständler" suchte sich der Kumpel mit den vielen Talenten aber

Blick auf die Anlage Prosper 2 mit dem denkmalgeschützten Malakoffturm. Die Abbrucharbeiten haben längst begonnen.

Der Schriftzug „Prosper-Haniel" am Werkstor vor dem Malakoffturm.

neue Tätigkeitsfelder: Er begann bergmännische Skulpturen zu schnitzen und Arschleder zu verschönern. „Bisher habe ich schon 30 Arschleder mit Bottroper Bergbaumotiven versehen. Sie werden mir quasi aus den Händen gerissen", berichtete Schallwig.

Im Laufe seines Lebens ist Schallwig manchem Promi begegnet, so z.B. Rudolf Scharping (SPD), Kurt Beck (SPD) und Norbert Blüm (CDU). Auch in der Bottroper Politszene kannte sich der langjährige Gewerkschaftler gut aus. Zu seinen Weggefährten gehörten unter anderem Ex-OB und Ex-Bergbau-Rheinstahlchef Ernst Wilczok und der legendäre Bürgermeister und MdL Otto Joschko (1901–1971), den er wegen seines osteuropäischen Akzentes besonders gerne parodierte. Otto Joschko war 1956 auch der Trauzeuge von Doris und Heinz Schallwig.

Blick in die ehemalige Lampenstube von Schacht 10.

Der aus Ebel stammende Heinz Schallwig war ein vielseitiger Zeitgenosse: Fußballer, Musiker, Gewerkschaftler, Geschichtenerzähler und „Arschlederverzierer".

7 Zeche Carl Funke

Betriebsbeginn der Essener Zeche war im Jahr 1804. Bis zur Schließung im Jahr 1973 wechselte sie mehrfach den Besitzer. Das Bergwerk Carl Funke, benannt nach dem Essener Unternehmer Carl Funke (1855–1912), schloss sich unter anderem mit den Bergwerken Vereinigte Pörtingssiepen und Vereinigte Dahlhauser Tiefbau zusammen. Das Gerüst von Schacht 1, das um 1901 entstand, blieb nach dem Abriss der Anlage (ab 1973) am Ufer des Baldeneysees als Denkmal erhalten.

Nasser Pütt unterm See

Eigentlich war ich ja „Maschinenmann", musste also die Maschinen und das Handwerkszeug der Gesteinshauer in Schuss halten – doch der damalige Drittelführer Hannes hatte wohl einen Narren an mir gefressen. So bat er mich, ihn und sein Team

Blick auf die 1973 stillgelegte Anlage Carl Funke am Ufer des Baldeneysees.

Dieses Schild erinnert an den Beginn und das Ende der Förderung.

auf den nächsten Pütt zu begleiten. Ich sagte zu und fuhr nun mit der eingespielten Mannschaft auf Carl Funke in Essen ein. „Dort kann man gutes Geld verdienen", meinte Hannes. Unser Ortsältester hatte zuvor das entsprechende Gedinge mit dem zuständigen Reviersteiger ausgehandelt. So mussten wir innerhalb eines Monats eine Strecke in einer vorher festgelegten Länge auffahren.

Als wir erstmals auf dem Pütt am Ufer des Baldeneysees in die Tiefe sausten, staunte ich nicht schlecht, denn hier gab es im Gegensatz zu anderen Zechen im Revier keinen schützenden Stahlausbau. Die Bergleute hatten sich in besonders sicheren Fels vorgearbeitet, der jedenfalls stellenweise ohne Stempel und Kappen auskam. Ein permanenter Wasserfluss aus dem grauen Gebirge sorgte für eine ungewohnte Kälte vor Ort. Der erste Monat im Streckenvortrieb mittels eines Überkopfladers verlief gut. Unser Schichtlohn lag damals bei über 40 Mark. Im folgenden Monat konnten wir aber unser vorher ausgehandeltes Gedinge nicht erfüllen – wir verließen den Pütt – Hannes und seine „Jungs" trieben weiter irgendwo auf einer Revierzeche Strecken in den Berg. Ich dagegen fuhr noch für einige Zeit in anderer Mission auf Möllerschächte in Gladbeck ein. Einige Jahre später kehrte ich als Monteur nach Heisingen zurück und montierte auf dem Dach des weißen Turms neben dem alten Schacht von Carl Funke innerhalb weniger Tage das Stahlgeländer.

Aus dem Ufergrün des Baldeneysees ragt das einstige Strebengerüst von Carl Funke in den Himmel. Der Funke-Turm befindet sich jedoch in Privatbesitz.

8 Zeche Zollverein

Bereits 1859 begann am Schacht 1 der Essener Zeche Zollverein die Kohleförderung. 1890 erreichte dieses Bergwerk, zu dem später einmal 12 Schächte im Essener Norden gehören sollten, mit einer Förderung von einer Million Tonnen die höchste Jahresförderung in Deutschland. 1937 stieg die Kohleförderung bis auf 3,6 Millionen Tonnen an. Damals waren auf der Großanlage bereits 6.900 Mitarbeiter tätig. Am 23. Dezember 1986 erfolgte die Stilllegung. Einige Schächte wurden zurückgebaut und verfüllt. Die Hauptanlage blieb jedoch erhalten und wurde am 14. Dezember 2001 in die Liste des UNESCO-Weltkulturerbes aufgenommen.

Blick auf den Doppelbock der Zeche Zollverein. Dieses ehemalige Bergwerk ist mittlerweile Weltkulturerbe.

Von Zollverein bis zum Chef der Grubenretter

Meinhard Funkemeyer, später lange Zeit Chef der Grubenretter, begann seine bergmännische Ausbildung auf Zollverein.

Um zu seinem Pütt zu kommen, fuhr Meinhard Funkemeyer mit den öffentlichen Verkehrsmitteln quer durch Essen, denn der Jungbergmann stammte aus Steele, im Süden der Stadt, während Zollverein, sein damaliger Arbeitsplatz, viele Kilometer weiter im nördlichen Stadtteil Katernberg liegt. 1957 begann Funkemeyer dort nach dem Realschulabschluss eine bergmännische Ausbildung, besuchte anschließend Bergvorschule sowie Bergschule und wurde Grubensteiger. Bevor der 1939 geborene Essener sein Studium an der TH in Aachen aufnahm, war er kurzfristig als Reviersteiger in einem Abbaurevier auf Zollverein tätig. Nach Beendigung der mehrjährigen Studien arbeitete Funkemeyer zunächst als wissenschaftlicher Mitarbeiter bei der Hauptstelle für das Grubenrettungswesen in Essen, dessen Leitung er von 1992 bis 1995 übernahm. Funkemeyer löste damit Franz-Josef Kock ab, der die Hauptstelle von 1979 bis 1992 geleitet hatte. Von 1995 bis 1998 übertrug man dem gebürtigen Essener auch die Leitung der neuen RAG-Grubenrettungszentrale auf der ehemaligen Zeche Pluto in Herne. Zugleich war er Leiter der Werksdirektion Technische Dienste mit den Abteilungen Grubenrettungswesen, Fuhrpark, Prüfwesen, Fernmeldewesen und Wasserhaltung.

Als sich am 1. Juni 1988 im Untertagebetrieb der hessischen Zeche Stolzenbach bei Borken ein Unglück ereignete, wurde Diplom-Ingenieur Meinhard Funkemeyer mit der Leitung der Rettungsaktion betraut. 51 Kumpel kamen ums Leben, sechs Bergleute wurden jedoch von den Grubenrettern geborgen.

Die Zeche Zollverein in den 1960er-Jahren .

Zwei Ansichten der Zeche Zollverein um 2015.

9 Zeche Nordstern

Die Gelsenkirchener Zeche Nordstern förderte von 1868 bis 1982 Kohle. Das Bergwerk, im Stadtteil Horst gelegen, verfügte über vier Schächte. Ab 1981 bestand ein Verbund mit der Nachbaranlage Zollverein in Essen. Die höchste Förderung erreichte das Bergwerk, das über einen direkten Zugang zum Rhein-Herne-Kanal verfügte, im Jahr 1980. Damals bauten die 3.300 Nordstern-Kumpel 1,9 Millionen Tonnen Kohle innerhalb eines Jahres ab. Nach der Stilllegung von Zollverein-Nordstern wurden die Schächte in Horst bis 1993 von dem Essener Bergwerk Consolidation übernommen. Danach wurden sie verfüllt. Die Fördergerüste 1/2 am Ufer des Rhein-Herne-Kanals und etliche Gebäude blieben weitgehend erhalten. Auf Nordstern ist inzwischen die Hauptverwaltung eines großen deutschen Immobilienunternehmens untergebracht. 1997 fand auf dem ehemaligen Zechengelände die Bundesgartenschau statt. Die Anlage wird heute als Landschaftspark weitergeführt.

Die Zeche Nordstern in Gelsenkirchen-Horst in den 1950er-Jahren.

Kunst auf Nordstern

In der 1952 erbauten Lohnhalle der Schachtanlage Nordstern, in der einst Bergleute dreimal im Monat anstanden, um ihre Abschläge und Restlöhne in Empfang zu nehmen, stand 1976 die Kunst im Mittelpunkt. Der Ort für die Begegnung mit der Kunst war gut gewählt, denn diese mittlerweile in Lichthof umbenannte Halle mussten Bergleute vor oder nach der Schicht durchqueren, um die Kaue zu erreichen. Auch die Oberbeamten der Anlage und die Betriebsführer gelangten über diesen Hof zu ihren Umkleideräumen. Nach der Einführung der bankengeführten Lohnkonten saßen die Steiger, darunter die Maschinenabteilung des Pütts, an den Schaltern der einstigen Lohnhalle.

Zur Eröffnung der Kunstausstellung fanden sich auch einige Prominente ein, unter ihnen Thomas Grochowiak (1914–2012), der bekannte Leiter der Kunsthalle Recklinghausen, Claus Däumig, der Leiter des Bergamtes Gelsenkirchen, und der Künstler Rolf Glasmeier (1945–2003). Grochowiak galt in jenen Jahren als der Kopf der Revierkunst. Der Sohn eines Bergmannes aus Recklinghausen prägte von 1954 bis 1980 die heimische Kunstszene entscheidend mit. Für die Schau im Lichthof stellte der vielseitige Gelsenkirchener Künstler Glasmeier verschiedene Objekte zur Verfügung. Die Nordstern-Ausstellung „Bergleute begegnen der Kunst“ war wegweisend für die Kunstszene in Gelsenkirchen und der Region. Glasmeier verewigte sich mit seiner Kunst später auch im öffentlichen Raum, so war er unter anderem für die Gestaltung eines kugelförmigen Gasbehälters am Ufer der Emscher in Gelsenkirchen verantwortlich.

Rolf Glasmeier (links) begrüßte zu der Ausstellung in der Lohnhalle von Nordstern auch den Direktor der Kunstsammlung Recklinghausen, Thomas Grochowiak (rechts).

Nordstern in der Nachkohlezeit: Die Herkules-Skulptur des bekannten Künstlers Markus Lüpertz auf dem Schacht 2 überragt alles.

10 Zeche Graf Bismarck

Das Gelsenkirchener Bergwerk Graf Bismarck nahm die Förderung 1873 auf. Bis zur überraschenden Schließung im Jahr 1966 entwickelte sich diese Großanlage mit den vier Standorten und neun Schächten zur produktivsten Kohlenzeche des Reviers. Rund 6.700 Kumpel waren hier beschäftigt. Ein Jahr vor der Schließung der Anlage wurden hier noch 2,6 Millionen Jahrestonnen gefördert. Nach der Übernahme durch die RAG ab 1969 wurden auf ehemaligen Bismarck-Grubenfeldern weitere Schächte geteuft, die zur Bewetterung dienten, denn die Kohlevorkommen wurden nun von den umliegenden Gelsenkirchener und Hertener Schachtanlagen abgebaut. Teile der umfangreichen ehemaligen Bismarck-Werksanlagen fanden nach der Stilllegung andere bergbaufremde Nutzer.

Nur ein paar Gebäude der ehemaligen Großanlage Graf Bismarck blieben in Gelsenkirchen-Erle erhalten.

Blick über die Zeche Graf Bismarck. Im Hintergrund ist das Kraftwerk des Bergwerkes deutlich zu erkennen.

Schwere Entscheidung

Das Jahr 1966 begann schlecht für Knut Dräger, denn sein Pütt stand vor der Schließung. Im Jahr zuvor hatte man die Stilllegung der Zeche Dahlbusch in Gelsenkirchen beschlossen. Hier lief die Förderung bereits im April 1966 aus. Anfang 1966 wurden die letzten Kohlen auf Rosenblumendelle in Mülheim zu Tage gebracht. Damit gab es in dieser Ruhrstadt kein Bergwerk mehr. Im Frühjahr 1966 protestierten nun Gelsenkirchener Kumpel zusammen mit ihren Familien, den Gewerkschaften und dem örtlichen Handel gegen die drohende Stilllegung von Graf Bismarck in Erle. Schwarze Fahnen, Protestschwüre und 15.000 wütende Kundgebungsteilnehmer konnten die DEA als Zechenbesitzer nicht mehr umstimmen. IGBE-Chef Walter Arendt war von Bochum nach Erle gereist, um den Protestzug anzuführen. Auch Knut Dräger war dabei. Seine Frau musste ihn aber dazu auffordern. „Die da oben machen doch, was sie wollen. Sollst du mal sehen", meinte der Bismarck-Bergmann, setzte seinen weichen Sonntagshut auf und reihte sich in den Zug der Protestierenden ein.

„Wat meinze, da hat die DEA so viel Kohle in unsern Pütt investiert, nun soll der Deckel drauf, da habense abba ganz schön getrickst", meinte sein Kumpel Fritz Huth, der während des Protestzuges neben Knut Dräger lief. Der Angesprochene war in seinen Gedanken aber ganz woanders, er war Bergmann und wollte es auch bleiben. So stand sein Entschluss bald fest: Er wechselte zur Zeche Möllerschächte in Gladbeck. Hier arbeitete er einige Wochen mit Grubenschlosser Fritz Henke zusammen, mit dem er sich sehr gut verstand. Dann eine erneute Hiobsbotschaft: Möllerschächte und die Bottroper Schachtanlage Rheinbaben, die ein

Bismarck-Kumpel, deren Freunde und Familienangehörige, aber auch Gewerkschaftler und Politiker protestierten Anfang 1966 mit schwarzen Fahnen und Spruchbändern gegen die drohende Zechenschließung.

Stimmabgabe für die Wahl zum Betriebsrat vor der Seilfahrt.

Verbundwerk bildeten, waren ebenfalls von der Schließung bedroht. Die Entscheidung zur Schließung der seit 1898 bestehenden Anlage fiel am 18. November 1966 in der Herner Hibernia-Zentrale. Am 31. März 1967 kam auch auf Rheinbaben/Möllerschächte der Deckel drauf.

„Erst stirb der Pütt, dann die Stadt", sinnierte Bergmann Knut Dräger, als er zusammen mit Fritz Henke im Sommer 1966 auf der Gezähkiste saß und über die Zukunft des Ruhrbergbaus sprach. Dräger ließ sich einige Wochen später zur Schachtanlage Ewald nach Herten versetzen. Hier blieb der Erler Kumpel, der das Ende von drei Großschachtanlagen im Revier miterlebt hatte, bis zu seiner Pensionierung im Jahr 1981.

Blick auf die Bismarck-Anlage 7/8.

Bismarck-Steiger vor der Seilfahrt in den 1950er-Jahren.

„Ährwin“, das Schalke-Maskottchen, vor den Resten der ehemaligen Zechenkaue an der Uechtingstraße.

Weil die Zeche Bismarck (Hintergrund) über einen eigenen Hafen am Rhein-Herne-Kanal verfügte, galt sie auch als „nasser Pütt“.

11 Bergwerk Consolidation

Die Gelsenkirchener Schachtanlage Consolidation – im Volksmund nur Consol genannt – nahm bereits 1865 die Förderung auf. Im Laufe der Jahre entwickelte sich dieses Bergwerk zu einer der ertragreichsten Zechen im Revier. So förderten die 2.300 Consol-Kumpel bereits 1885 rund 700.000 Tonnen Kohle im Jahr. Danach wurde die Schachtanlage um weitere Schächte erweitert. So erfolgte unter anderem die Übernahme von Pluto (Wanne-Eickel) und Nordstern (Gesenkirchen). Zuletzt verfügte Consol über 15 Schächte. Die Jahresförderung stieg bei 5.800 Mitarbeitern auf 3,2 Millionen Tonnen Kohle an. Bis 1993 wurde auf den Consolschächten gefördert. Nach der Stilllegung blieben die Schächte 8 (Oberschuir) in Gelsenkirchen-Feldmark und 4/9 in Gelsenkirchen-Bismarck erhalten.

Blick auf die Zeche Consolidation (Consol) Mitte der 1970er-Jahre.

Vom Binnenschiffer zum Bergmann

Durch einen Zufall wurde Günter Buchholz 1968 Bergmann. Damals war der in Brandenburg Geborene noch Binnenschiffer. Buchholz suchte in jenen Tagen eine neue Arbeit, denn die Kohlenkrise machte sich auch auf den Binnengewässern bemerkbar. So saß der Schiffsführer im Herbst 1968 in der Arbeitsvermittlung für Binnenschiffer, die sich in einem Herner Gebäude an der damaligen Schleuse 7 des Rhein-Herne-Kanals befand. „Mit ihrem Patent können sie sich den Hintern abputzen", erklärte der Arbeitsvermittler dem erstaunten Schiffer ohne Umschweife. „Dann werde ich Bergmann", entgegnete der Schiffsführer seinem verdutzten Gegenüber. Denn in unmittelbarer Nähe des Arbeitsvermittlungsgebäudes lag die Zeche Friedrich der Große 3/4/6.

Günter Buchholz ließ sich von seinem Vorhaben nicht abhalten und fuhr zunächst auf Friedrich der Große ein. Bis 1973 blieb er hier, dann zog der Kumpel weiter und malochte auf anderen Pütts des Reviers. Über Waltrop kam der 1942 geborene Bergmann nach Gelsenkirchen. Inzwischen war er bei einem Unternehmen, das in Wanne-Eickel ansässig war, als Mädchen für alles im Untertagebetrieb im Einsatz. Von 1984 bis 1989 fuhr Buchholz auf Consol ein.

„Einmal war ich mit meinen Kumpel in Richtung Schacht 5 unterwegs. In der Strecke stand Wasser, weil die Pumpen in dieser Senke ausgefallen waren. Keiner wollte vorangehen. Ich habe es gewagt, weil ich den Weg kannte. Das Wasser reichte uns bis zur Brust", erzählt Buchholz.

Wenig später stand Buchholz auf dem grünen Rasen und sollte ein Spiel um die Jugend-Westfalenmeisterschaft pfeifen. Auf dem Platz standen sich die Teams von DSC Wanne-Eickel – der Hauptsponsor war der Arbeitgeber von Günter Buchholz – und Schloss Neuhaus gegenüber. „Unter den Zuschauern befand sich auch mein damaliger Obersteiger. Der warf mir nach dem Schlusspfiff vor, ich hätte den DSC benachteiligt. Da war es mit meiner Tätigkeit auf Consol plötzlich vorbei und ich wurde strafversetzt", erzählt Buchholz, der aber noch bis 1993 dem Bergbau treu blieb und danach als Busfahrer seinen Lebensunterhalt verdiente.

Der Herner Bergmann Günter Buchholz fuhr jahrelang auf der Zeche Consol in Gelsenkirchen-Bismarck ein.

„Blauer Frosch über Consol" – das ehemalige Zechenareal ist ein sehr beliebtes Freizeitgelände. Auch Drachenfreunde lassen hier gerne ihre neusten Kreationen in den Gelsenkirchener Himmel steigen.

Blick in die einstige Grubenwarte von Consol, die erst in den 1970er-Jahren ihren Betrieb aufnahm.

Boule, eine in Frankreich sehr beliebte Sportart, wird nun auch im Schatten des mächtigen Consol-Förderturmes mit großer Begeisterung ausgeübt.

12 Zeche Dahlbusch

Das Gelsenkirchener Bergwerk Dahlbusch förderte von 1880 bis 1966. Einst waren hier 4.215 Kumpel tätig, die 1,2 Millionen Tonnen Kohle im Jahr abbauten. Ab den 1950er-Jahren wurden auf diesem Pütt oft Kohlen in Flözen mit hoher Schlagwettergefährdung abgebaut. So kam es hier 1950 und 1955 zu schweren Grubenglücken, bei denen 120 Kumpel starben. Bekannt wurde der Pütt jedoch durch die spektakuläre Rettung von drei verschütteten Bergleuten am 12. Mai 1955 mittels eines auf diesem Bergwerk entwickelten Rettungsgeräts – der Dahlbuschbombe.

Der Eingang der ehemaligen Schachtanlage Dahlbusch in Gelsenkirchen-Rotthausen.

Die Markennummer diente als Zechenausweis

Erwin Paproth, Jahrgang 1938, ein echter Berliner Junge, kam 1952 ins Revier. Er legte damals auf der Gelsenkirchener Zeche Dahlbusch an, die später einmal traurige Berühmtheit erlangen sollte. Er erinnert sich: „Ich musste mich in das Bergmannsheim Rotthausen einquartieren lassen. Es gab einen Lehrvertrag und ich erhielt ein Bergmannsbuch. Mit meiner Markennummer 4503 konnte ich mich überall ausweisen." Der erste Monatslohn betrug 162,32 Mark. Dieses Geld ging direkt ans Heim, denn damit wurden Kost und Unterkunft beglichen.

Eine Köchin versorgte die stets hungrigen Jugendlichen. Einmal am Tag gab es eine warme Mahlzeit, um 12 Uhr für die Mittagschichtler und um 18 Uhr für alle anderen. In den Zimmern des Heimes standen jeweils zwei Doppelstockbetten, Stühle und Spinde. Die Toiletten und Waschräume befanden sich außerhalb der Zimmer im Bereich der geräumigen Heimhalle. An den Fußenden der Betten waren kleine runde Plaketten in verschiedenen Farben angebracht. Grün stand für die Frühschicht, Rot für die Mittagschicht, Schwarz für die Nachtschicht und Weiß für krank, frei oder Sonstiges.

„Unsere Betten mussten wir selbst machen. Frische Bettwäsche gab es einmal die Woche. Um 22 Uhr durfte niemand mehr das Haus verlassen", so Paproth weiter.

Freitags wurde das wöchentliche Taschengeld ausgezahlt. Je nach Alter waren es drei bis fünf Mark. Nun, es reichte, wenn man anspruchslos war. Zigaretten gab es einzeln zu kaufen. Die 3er-Packung Eckstein kostete 30 Pfennig. Vor Schichtbeginn bekam jeder Berglehrling eine Aluminium-Dose mit Butterbroten und eine Alupulle mit Tee. Das Gebäude, das „Bullenkloster", in dem Erwin Paproth einige Jahre lebte, ist heute das Volkshaus Rotthausen.

Erwin Paproth arbeitete in den 1950er-Jahren als Bergmann auf Dahlbusch, später wechselte der gebürtige Berliner in die chemische Industrie.

In den Dahlbusch-Werkstätten wurde die berühmte „Rettungsbombe" hergestellt, die auch heute noch mit dem Namen des ehemaligen Gelsenkirchener Pütts verbunden ist.

13 Zeche Auguste Victoria

Von 1899 bis 2015 wurde auf der Schachtanlage Auguste Victoria (AV) in Marl Kohle, Blei, Zink und sogar Silber gefördert. Mit 3,1 Millionen Tonnen wurde einst die Höchstfördermenge erreicht. Auf neun Schächten im Großraum Marl fuhren zeitweise über 3.800 Kumpel ein. 1991 wurde das damalige BASF-Bergwerk an die Ruhrkohle AG (RAG) verkauft. Zehn Jahre später wurde AV mit den Zechen General Blumenthal und Haard zusammengelegt und es entstand zwischen Marl, Haltern und Recklinghausen/Erkenschwick ein neues Großbergwerk. Der Schacht 4 von AV blieb nach der Schließung als Denkmal erhalten. Das rund 90 Hektar große Areal um die Marler Hauptanlage ging inzwischen in dem Projekt „gate.ruhr" auf. Es wird noch nach einer Zechennachnutzung gesucht.

Zeche Auguste Victoria, Schacht 8, 7. Sohle im Jahr 2010.

Mal wieder Grubenluft schnuppern

„Hast du gelesen, dass heute in Marl Grubenfahrten möglich sind“, fragte mich im März 2010 mein Schwiegersohn Carsten. „Klar“, antwortete ich, „das Bergwerk Auguste Victoria feiert ja das 110-Jährige, da ist richtig was los.“ Da ich gerne wieder einmal Grubenluft schnuppern und mein Schwiegersohn, der aus Wuppertal stammt, auch einmal diese Erfahrung machen wollte, beschlossen wir ganz spontan, nach Lippramsdorf zu fahren, um dort an Schacht 8 in den Genuss einer Grubenfahrt zu kommen. Ich war allerdings sehr skeptisch, denn ich wusste, der Andrang war immer sehr groß. Doch wir hatten Glück: An der Anmeldung auf dem Lippramsdorfer Zechengelände wurde uns als Besucher 603 und 604 die Teilnahme an einem Besuch der 6. Sohle zugesagt. Zwei zuvor angemeldete Gäste hatten nämlich einen Rückzieher gemacht.

Nun hieß es warten. Doch die Zeit auf dem Werksgelände verging wie im Flug. Zur angekündigten „Seilfahrtzeit“ machten wir uns also auf den Weg, zogen weiße, schützende Fahrmäntel an und setzten weiße RAG-Schutzhelme auf. In Begleitung eines Grubenwehrmannes gingen wir mit den anderen Teilnehmern zum Schacht. Es folgte die Seilfahrt. Auf der 6. Sohle angekommen, strahlte mich ein Grubenwehrmann an, der zusammen mit anderen Kollegen als Sicherheitsbeauftragter in Schachtnähe postiert war: „Na, auch mal auf AV Grubenluft schnuppern, habe dich doch erst vor einigen Tagen an Schacht 10 in Bottrop gesehen.“ Ich bejahte, mein Schwiegersohn staunte: „Meine Güte, dich kennt man ja überall.“ Wir folgten der Gruppe, die von einem AV-Kumpel sachkundig geführt wurde. Er erklärte den „Bergneulingen“ unter anderem, was eine

Blick auf ein Schachtgerüst von AV in Marl.

Lampenstubengang auf Auguste-Victoria, Schacht 8.

Während des Zechenjubiläums im Jahr 2010 bot die Werksleitung auch Grubenfahrten – wie hier auf Schacht 8 – an.

Dieselkatze ist und warum es unter Tage sogar einen Bahnhof gibt.

Nach einer halben Stunde endete unsere Führung im Bereich des sogenannten Schachtumtriebes. Die abschließende Fahrt mit dem Förderkorb dauerte wieder nur ein paar Minuten. Danach unternahmen wir noch einen Rundgang über das Werksgelände, bevor unsere kurze, eindrucksvolle Schicht auf AV an diesem Tag endete.

2.500 Gäste fuhren an diesem Jubiläumstag an Schacht 8 ein. Auf dem Zechengelände von AV 3/7 in Marl konnte der damalige Werksleiter Wolfram Zilligens rund 30.000 Besucher begrüßen. Das Festprogramm war gespickt mit Musik, Artistik und Comedy. Veranstaltungen gab es auch auf der Halde Brinkfortsheide und dem AV-Standort 1/2. Am 16. Dezember 2015 schloss AV, genau 104 Jahre lang hatte man hier nach dem „schwarzen Gold“ gegraben.

Blick auf das a-förmige Fördergerüst von Schacht 8.

14 Zeche Ewald

Um die Kohle im Grubenfeld der Zeche Ewald in Herten zu fördern, wurden ab 1877 sieben Schächte abgeteuft. Die Stilllegung der Anlage erfolgte 2001. Zuvor hatte es Zusammenschlüsse mit den benachbarten Bergwerken Schlägel & Eisen und Hugo gegeben. Zeitweise verfügte diese Großanlage über 21 Schächte im Raum Gelsenkirchen und Herten. Nach der Stilllegung blieben drei Schächte, der Malakoffturm und ein Doppelbockgerüst in Herten erhalten. Das 52 Hektar große ehemalige Zechenareal wird heute als Gewerbefläche genutzt. In unmittelbarer Nähe des einstigen Bergwerkes befindet sich mit einer Grundfläche von 220 Hektar Europas größte Haldenanlage, die aus den Landschaftsbauwerken Hoppenbruch und Hoheward besteht. Diese gehören heute zu den meistbesuchten und am längsten begrünten Landmarken im Revier.

Wo früher Eisenbahnwaggons, die mit dem „schwarzen Gold" gefüllt waren, standen, drängen sich an manchen Tagen im Jahr die Pkw der Zechenbesucher.

Besuch auf Ewald

Im Laufe seines langen, bergmännischen Lebens besuchte Karl-Heinz Trojahn, der in Gelsenkirchen-Buer lebte, etliche Zechen im In- und Ausland. Als Gewerkschaftler war sein Rat nämlich nicht nur auf seiner damaligen Heimatzeche Hugo gefragt. Hier fungierte Karl-Heinz Trojahn, der aus einer alten Bergmannsfamilie stammte, auch jahrelang als Betriebsratsvorsitzender. Doch an eine Grubenfahrt auf der Schachtanlage Ewald im benachbarten Herten erinnerte sich der 1927 geborene Bergmann gerne.

Am 12. Januar 1982 folgte der IGBE-Gewerkschaftler Trojahn zusammen mit weiteren Kollegen einer Einladung nach Herten zum RAG-Bergwerk Ewald. Ziel der Gruppe war das Flöz Zollverein 4. Die An- und Ausfahrt der Besuchergruppe erfolgte über den Schacht 2. Auf der 950-Meter-Sohle ging es gemeinsam mit Vertretern der Werksleitung ins Revier 16. Dann erfolgte im Ort 1 der Einstieg in den Abbaubetrieb. Das Flöz Zollverein 4 wies hier eine Mächtigkeit zwischen 1,70 und 2,40 Meter auf, erinnerte sich Trojahn. Nach gut einer Stunde – unterwegs gab es Gespräche mit Kumpel – ging es zum Ort 2, über einen Gesteinsberg bis zur Bandstrecke Ost und wieder zurück zum Schacht 2. Nach der Grubenfahrt saß die Gruppe noch lange zusammen und sprach unter anderem über allgemeine Arbeitsbedingungen und die Lage im heimischen Steinkohlenbergbau. Ex-Betriebsrat Trojahn starb im Herbst 2020 in Gelsenkirchen-Erle.

Karl-Heinz Trojahn (1929–2020) erzählte gerne von einer Grubenfahrt, die er 1982 auf der Zeche Ewald unternahm.

Biergartenatmosphäre auf dem Gelände der bekannten ehemaligen Hertener Zeche.

Die Halde Hoheward – einst auch Bergehalde der Zeche Ewald – ist heute Anziehungspunkt für Wanderer und Mountainbiker.

Blick von Osten auf die drei Ewald-Schächte.

Vom Landschaftsbauwerk Hoheward kann man bei schönem Wetter diesen Blick genießen: im Vordergrund der Doppelbock (Schacht 7) von Ewald, im Hintergrund die Fördertürme der ehemaligen Schachtanlage Schlägel & Eisen in Herten-Langenbochum.

Die Zeche Ewald mit dem Malakoffturm (links) und dem neuzeitlichen Stahlgerüst.

15 Zeche Recklinghausen

Die Zeche Recklinghausen existierte von 1883 bis 1974. Die beiden ersten Schächte der Anlage wurden später durch neue Schächte ersetzt. Im Laufe der 91-jährigen Bergbaugeschichte war die Zeche in Hochlarmark mehrfach von Grubenunglücken betroffen. Bei den sieben Unglücken, die sich zwischen 1889 und 1942 ereigneten, starben 57 Kumpel. Nach der Stilllegung im Jahr 1974 blieben Teile der Anlage, darunter der Schacht 4, das Fördermaschinenhaus samt Fördermaschine und weitere Gebäudeteile erhalten. In der ehemaligen Bergehalde des Pütts befindet sich das einstige RAG-Trainingszentrum, das seit dem Ende des deutschen Steinkohlenbergbaus von einigen engagierten Kumpel als Besucherbergwerk betrieben wird.

Trainieren und schauen in „Klärchens Berg"

Im Juli 2019, sieben Monate nach der Schließung der letzten deutschen Steinkohlenzeche, des Bergwerkes Prosper-Haniel in Bottrop, am 31. Dezember 2018, traf ein wichtiger Brief in Recklinghausen ein: Die für den Bergbau zuständige Bezirksregierung in Arnsberg hatte den weiteren Betrieb des Trainingsbergwerkes Recklinghausen (TBW) genehmigt. Das Bergwerk Clerget – im Volksmund liebevoll „Klärchen" genannt – wurde danach für zwei Jahre an einen neuen Trägerverein verpachtet. Nach 2021 soll

Blick auf die Zeche Recklinghausen, als hier noch das „schwarze Gold" gefördert wurde.

geprüft werden, ob das ehemalige Trainingsbergwerk tatsächlich dauerhaft als Besucherbergwerk betrieben werden kann. Die Chancen stehen aber gut, denn hier sitzen bereits die RAG, der Regionalverband RVR, die Stadt Recklinghausen und ein äußerst aktiver Trägerverein zusammen in einer „Kohlen-Lore“.

Dabei entstand dieses Trainingsbergwerk, das nur 17 Meter tief in einer alten Clerget-Halde liegt, ganz unspektakulär. Im Zweiten Weltkrieg trieben hier Kumpel nach Bergmanns Art Strecken und Querschläge in den Schwarzen Hügel, die Anwohnern der nahen Hochlarmarker Dreieckssiedlung und den Patienten des St.-Elisabeth-Krankenhauses als Schutzraum dienten.

„Hier gab es damals ein richtiges Hospital, in dem einst sogar Kinder geboren wurden“, erzählte Uwe Reichelt (1962–2020), der ehemalige, langjährige Leiter des TBW, gerne seinen Gästen.

Nach dem Krieg geriet dieses Tunnelsystem in Vergessenheit. Die Gerüchteküche brodelte aber: Dort lagere Nazi-Gold, Beutekunst oder gar das verschwundene Bernsteinzimmer. Als man aber in den 1960er-Jahren die Tore zum Tunnelsystem öffnete, fand man nichts außer einen einmaligen Ort, um junge Bergleute auf ihren Beruf vorzubereiten. Zunächst war hier das Lehrrevier der Zeche Recklinghausen untergebracht, ab 1975 bot dann die RAG unter (fast) realen Bedingungen entsprechende Seminare, Lehrgänge und Kurse an. Zuletzt waren es 44 pro Jahr. Auch die Grubenwehr trainierte in Hochlarmark unter erschwerten Bedingungen Einsätze, die durch dichten Nebel, der aus einer Maschine stammte, noch realistischer wurden.

Im Laufe der Jahre wurde das Streckensystem in „Klärchens Berg“ sogar auf rund 1.400 Meter erweitert. Man denkt inzwischen sogar darüber nach, ein teilweise noch vorhandenes Schienennetz zu nutzen und eine

Die Drei aus „Klärchens Berg“ (v.l.): Horst Wolgast, Olli Strickmann und Uwe Reichelt (1962–2020).

echte Grubenlok einzusetzen. Dabei soll, so die Idee, der Charakter eines Schaubergwerkes noch verstärkt werden, Abbaubetriebe mit Holz- und Hydraulikstempeln oder einem Schildausbau und Walzenschrämlader, Streckenvortrieb und einer Einschienenhängebahn – genannt „Katze“ – gehören längst zum umfangreichen bergbaulichen Inventar.

6.000 Besucher pro Jahr konnte das Team um Uwe Reichelt in den letzten Jahren der Kohlenära neben dem laufenden Trainingsbetrieb auf Recklinghausen 2 begrüßen.

Doch nicht nur Interessierte fanden den Weg nach Hochlarmark, sondern auch ausund inländische Filmschaffende. Denn in „Klärchens Berg“ konnte im Gegensatz zu aktiven Pütts bei Untertagedrehs auf teure und unhandliche explosionsgeschützte Geräte verzichtet werden. „Der letzte Bulle“, „Alarm für Cobra 11“ oder „Balko“ – einige Szenen für diese Serien entstanden im TBW. Auch Szenen für den Filmklassiker „Das Wunder von Bern“ wurden hier gedreht. „Dabei kam“, so Uwe Reichelt, „sogar ein Grubenpferd zum Einsatz.“

Für Besucher ist das Schaubergwerk sicherlich eine spannende Angelegenheit, denn hier ist das Gefühl von Authentizität wesentlich intensiver als im nur einige Kilometer entfernten renommierten Deutschen Bergbaumuseum in Bochum.

Die Lampenstube der Zeche Recklinghausen in den 1930er-Jahren.

16 Zeche Unser Fritz

Das Bergwerk Unser Fritz in Wanne-Eickel (heute Stadtteil von Herne) nahm 1874 an zwei Schächten die Förderung auf. Später kamen noch drei weitere Schächte im Stadtteil Unser Fritz und Crange hinzu. Die höchste eigenständige Kohleförderung lag 1928 bei etwa 0,9 Millionen Jahrestonnen. Rund 4.000 Kumpel waren hier tätig.
Nach 1928 erfolgte die Förderung über die benachbarte Gelsenkirchener Schachtanlage Consolidation (Consol). 1993 erfolgte die Stilllegung von Unser Fritz. Nur der Malakoffturm – Schacht 1 – und einige Gebäude der Anlage 2/3 blieben erhalten. Diese Restanlage entwickelte sich Mitte der 1960er-Jahre zu einem Zentrum für heimische Künstler.

Die Zeche Unser Fritz 2/4 – heute als Künstlerzeche im Revier bekannt – kurz nach der Stilllegung in den 1970er-Jahren.

Kunst auf der 9. Sohle

Seit jeher ist Helmut Bettenhausen dem Bergbau verbunden. Sein Vater fuhr einst auf Unser Fritz 2/4 in Wanne-Eickel ein. Der 1935 geborene, außergewöhnliche Künstler wohnt nach wie vor gegenüber dem einstigen Pütt, der sich einen Namen als Künstlerzeche gemacht hat.

1964 bezog Bettenhausen auf dem Bergwerk einen großen Raum, räumte Schutt und Grubenholz beiseite und schuf sich sein Atelier. Später folgten andere heimische Künstler seinem Beispiel. In den vergangenen Jahrzehnten machte Helmut Bettenhausen mit verschiedenen Kunstaktionen und Objekten auf sich aufmerksam. Auch Projekte wie den Gahlenschen Kohlenweg mit einem kleinen Brückenbauwerk auf dem ehemaligen Zechengelände im Wanne-Eickeler Ortsteil Unser Fritz brachte er auf den Weg. Kurz vor der endgültigen Schließung der Gesamtanlage, auf der sein Vater einst 30 Jahre einfuhr, fertigte Bettenhausen in der Zechenwerkstatt mit Unterstützung der RAG das Kunstwerk „Andreaskreuz“. Am 15. November 1979 wurden die sechs Teile, immerhin je drei Meter lang, in 940 Metern Tiefe im Bereich des Flözes Zollverein 5 von fünf Kumpel unter der Aufsicht von Obersteiger Süha Samur montiert. Die weißen Kreuze stellte Helmut Bettenhausen bewusst in der Ortsbrust der 9. Sohle auf. Wenige Tage später folgte das Aus für den Untertagebetrieb – die beiden Luft- und Materialschächte wurden samt Bettenhausens Kunst verfüllt. Die Arbeit unter Tage inspirierte den Wanne-Eickeler später zu weiteren Kunstwerken – ein Großprojekt stellte er unter das bergmännische Motto „Ortsbrust“.

Helmut Bettenhausen vor seinem Kunstobjekt „Ortsbrust“.

Auch dieses Fördermaschinenhaus blieb erhalten.

Treppenaufgang mit Kronleuchter im ehemaligen Schachtzugang des Pütts.

17 Zeche Friedrich der Große

Auf der Herner Schachtanlage Friedrich der Große wurde von 1874 bis 1978 Kohle gefördert. Zunächst auf der Anlage 1/2 und ab 1910 auch auf der Schachtanlage 3/4. Die beiden ersten Schächte wurden bereits 1967 abgeworfen. Im selben Jahr wurde der neue Schacht 6 – das Herzstück der Anlage – in Betrieb genommen. Von 1973 bis zur Einstellung der Kohleförderung in Herne im Jahr 1978 bildeten Friedrich der Große und das benachbarte Bergwerk Mont-Cenis eine Fördereinheit. Die Bereiche der Schachtanlagen wurden nach Einstellung des Bergbaus in Gewerbegebiete umgewandelt. Auf dem Areal der einstigen Schachtanlage 1/2 erinnern nur noch eine lange Zechenmauer und das 1958 neu gebaute Fördermaschinenhaus von Schacht 1 an die Bergbauvergangenheit. Der ehemalige Schacht 3 wanderte nach dem Abriss ins Museum. Er wurde 1982 im LWL-Museum Zeche Zollern in Dortmund-Bövinghausen als Schacht 4 wiederaufgebaut.

Strafversetzt

1959 – es kriselte zwar schon im Bergbau, trotzdem gab es auf den heimischen Pütts Ausbildungsplätze ohne Ende. Auch auf der Herner Schachtanlage Friedrich der Große begannen am 1. April 1959 unzählige Bergjungleute, Berglehrlinge, Schlosser, Schmiede und Elektriker ihre Ausbildungen. Wir – das waren Bernd, Klaus, Horst, Walter und ich – wurden dem Altgesellen Hans Novak in der Grubenschlosserei zugeteilt. Im ersten Lehrjahr hieß es: Der Umgang mit Säge, Feile, Meißel und Hammer musste erlernt werden. Aber auch die Theorie kam nicht zu kurz. Einmal in der Woche war es Pflicht, unserem

Noch transportiert die Zechenlok Kohlen und Material zwischen den Zechenanlagen Friedrich der Große 1/2 im Hintergrund und den Schächten 3/4. Dazu stand dem Lokbetrieb eine eigene Trasse zur Verfügung.

Meister das Werkstattwochenbuch – kurz Berichtsheft genannt – vorzulegen. Wir waren angehalten, wöchentlich eine technische Zeichnung nebst Tätigkeitsbericht abzuliefern. Natürlich wurde auch untereinander getauscht – versteht sich ja von selbst. Einmal aber hatte Bernd, der zusammen mit seinem Zwillingsbruder Bodo zu den Stützen der erfolgreichen Jugend von Westfalia Herne gehörte, bei der ganzen Kickerei in der Freizeit den Tätigkeitsbericht nebst Zeichnung vergessen. Zunächst sagte unser Meister nichts, in der anschließenden Woche erfolgte jedoch die „Bestrafung" – Bernd wurde an das Leseband in der großen Schachthalle von 1/2 versetzt. Eine Woche lang musste er dort zusammen mit anderen Berglehrlingen und Bergjungleuten das taube Gestein per Hand aus den geförderten Kohlen aussortieren. Eine Arbeit, die dem jungen Handwerkslehrling überhaupt nicht gefiel. Danach vergaß er aber nie wieder, das Berichtsheft pünktlich vorzulegen, und wir anderen Vier waren gewarnt – denn an das staubige Leseband wollte keiner von uns.

Blick auf die Schächte 1/2 der Zeche Friedrich der Große an der Werder Straße.

Nur das 1958 erbaute Fördermaschinenhaus der Schachtanlage 1/2 blieb erhalten. Aus dem Zechensportplatz wurde nach der Stilllegung eine Tennisanlage, die bis heute von einer Betriebssportgemeinschaft betrieben wird.

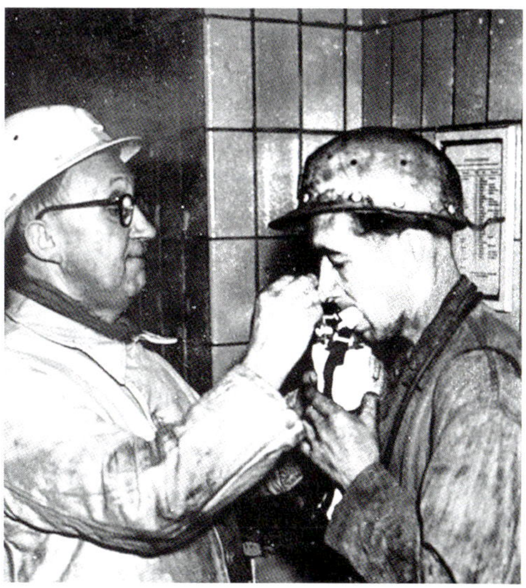

Das Anlegen der neuen Selbstretter musste Ende der 1950er-Jahre noch geübt werden.

Der Kamin des Kesselhauses auf der FdG-Zechenanlage im Bereich Werder-/Roonstraße wurde 1969 gesprengt. Später erfolgte auch die Demontage des einstigen Zechenwasserturmes (Mitte).

Nach der Stilllegung der Anlage 3/4 demontierten Spezialisten den ehemaligen Schacht 3. Das Fördergerüst aus Herne-Horsthausen wanderte ins Museum. Heute ist es der Schacht 4 der Museumszeche Zollern in Dortmund-Bövinghausen.

18 Zeche Mont-Cenis

Im Jahr 1875 begann auf der Zeche Mont-Cenis in Herne-Sodingen die Kohleförderung. Ab 1895 wurden im Umfeld noch weitere vier Schächte abgeteuft. Die höchste Förderung erreichte diese Anlage im Jahr 1975. Zeitweise waren auf diesem Bergwerk bis zu 6.000 Kumpel tätig. 1972 erfolgte der Zusammenschluss mit der benachbarten Schachtanlage Friedrich der Große 3/4/6. Sechs Jahre später endete mit der Schließung dieser Großanlage die lange Geschichte des Herner Steinkohlenbergbaus. Nach der Verfüllung und dem Abriss der Mont-Cenis-Schächte entstand auf dem Gelände von 1/3 ab 1999 ein großes, außergewöhnliches Glasgebäude, in dem die NRW-Landesakademie untergebracht ist.

Die Schachtanlage Mont-Cenis 2/4 in Herne-Sodingen.

Der „Schwarze Tag von Sodingen"

Der 22. Juli 1965 ging als „Schwarzer Tag von Sodingen" in die Bergbaugeschichte des Ruhrgebiets ein. An diesem Tag ereignete sich auf der Zeche Mont-Cenis in Flöz Karl in Herne-Sodingen eine Explosion, bei der neun Kumpel starben.

Franz-Josef Kock, der damals als Mitarbeiter der Hauptstelle für das Grubenrettungswesen vor Ort war, überlebte schwer verletzt. Der 35-Jährige begleitete am 22. Juli 1965 ab 2.30 Uhr den Einsatz der Grubenwehrtrupps. Mehrfach waren in dieser Nacht und am folgenden Vormittag Spezialisten rund um Flöz Karl unterwegs, um Dämme zu bauen oder wichtige Messungen vorzunehmen.

Am Vormittag war Kock zusammen mit dem Betriebsführer Werner Repons, Leiter der Mont-Cenis-Grubenwehr, Assessor Friedhart Bergmann sowie den Grubenwehrmitgliedern Heinz Matiak und Heinz Rzepka in der untertägigen Abteilung unterwegs, als es gegen 12.15 Uhr zu einer erneuten Explosion kam.

Kock berichtete später: „Wir waren bereits auf dem Rückmarsch, als unser Trupp im Eingang des Abbaubetriebes von Flöz Karl von der Schlagwetterexplosion überrascht wurde. Mitglieder der Grubenwehr befanden sich noch im Streb oder bereits in der Strecke."

Der Grubensicherheitsexperte aus Essen wurde durch die Wucht der Explosion in die Strecke geschleudert: „Über mir lief eine Flamme in Richtung Querschlag, sie kam zurück und entflammte nochmals." Franz-Josef Kock wurde kurz bewusstlos und suchte nach Helm und Kopflampe, die aber verschwunden waren. „Ich wollte wissen, wie spät es ist, suchte meine Uhr, konnte aber den Zeigerstand nicht erkennen, weil das Glas durch den Explosionstaub stark verschmutzt war. Daher leckte ich das Uhrglas sauber und stellte fest: Es war genau 12.15 Uhr."

Franz-Josef Kock überlebte 1965 schwer verletzt ein Grubenunglück auf dem Bergwerk Mont-Cenis.

Ohne Licht tastete sich Kock weiter vor, wurde wenig später von einem anderen Trupp, der sich auf der Unglückssohle befand, schwer verletzt geboren und über Tage gebracht.

Von 1979 bis 1992 leitete der gebürtige Duisburger Diplom-Ingenieur Kock die Essener Hauptstelle für das Grubenrettungswesen. Doch an diesen „Schwarzen Tag von Sodingen", jenen 22. Juli 1965, an dem es noch zwei weitere Explosionen gegeben hatte, erinnerte sich Kock zeitlebens, zumal vier seiner damaligen Begleiter, mit denen er auf Inspektionstour unterwegs war, nie geborgen werden konnten. Die Abteilung wurde zugemauert – spätere Versuche, die vier Toten zu bergen, scheiterten an den immer noch sehr hohen Temperaturen und dem hohen Gasanteil in der Grubenluft.

Franz-Josef Kock starb 2017 im Alter von 87 Jahren in Duisburg.

19 Zeche Holland

Von 1861 bis 1988 wurde auf der Zeche Holland – zunächst in Gelsenkirchen-Ückendorf und danach im benachbarten Wattenscheid – Kohle gefördert. Die höchste Förderung von 1,7 Millionen Tonnen erreichte die Anlage im Jahr 1968. 3.000 Kumpel waren damals auf dem Pütt tätig. Das Bergwerk verfügte in seiner 127-jährigen Geschichte über sechs Schächte. In den 1970er-Jahren erfolgte ein Anschluss an das Essener Bergwerk Zollverein. Die einzigartige Malakoff-Doppelanlage in Ückendorf blieb nach der Schließung erhalten und wird heute als Wohnanlage genutzt, ebenso einige andere Gebäudeteile des ehemaligen Pütts. Hier gibt es ein Restaurant, Büros und einen Weinhandel. Auf der Wattenscheider Anlage erinnern unter anderem der Schacht 4 (Hans-Köster-Schacht) und weitere Gebäude an die Bergbauvergangenheit. In einigen dieser ehemaligen Zechengebäuden entstanden Büros und Räume für Veranstaltungen.

Der Eingang der Zeche Holland in Wattenscheid.

Hans Köster: Immer ein „Holländer“

Der gebürtige Wattenscheider Hans Köster absolvierte auf der Schachtanlage Holland, wo bereits sein Vater und sein Bruder Willi einfuhren, zunächst eine bergmännische Ausbildung, um sich dann zum Elektriker umschulen zu lassen. Anschließend drückte er weiterhin die Schulbank und war nebenbei Mitglied der Freiwilligen Feuerwehr, was sich 1964 als Glücksfall erwies, denn die Berufsgrubenwehr Rheinelbe suchte dringend Nachwuchskräfte. Hans Köster sagte zu und machte dort in der Abteilung Messtechnik seinen Weg, wurde Fahrsteiger und Obersteiger und damit auch Oberführer der Elitetruppe. Zeitweise unterstanden ihm fast 2.000 Kumpel. Später zog die Berufsgrubenwehr von Gelsenkirchen nach Wanne-Eickel zur Zeche Pluto um.

Hans Köster, ein „echter Holländer“, setzte sich für den Erhalt des Schachtes ein, der inzwischen seinen Namen trägt.

1964/65 erfolgten seine ersten großen Einätze auf den Zechen Minister Achenbach (Lünen-Brambauer) und Mont-Cenis (Herne-Sodingen). An den harten und anstrengenden Einsatz auf Mont-Cenis im Juli 1965 erinnerte sich Hans Köster (1944–2019) ganz besonders. Bei diesem Unglück kamen nämlich neun Kumpel ums Leben.

Bis 1996 blieb Hans Köster bei den Grubenrettern, dann übernahm er innerhalb der RAG andere Aufgaben. Nach seiner Pensionierung ließ ihn der Bergbau aber nicht los. So kümmerte er sich zusammen mit vielen Freunden unter anderem um den Erhalt des Schachtes 4 seiner ehemaligen Zeche Holland. Inzwischen trägt das imposante Stahlgerüst in Wattenscheid seinen Namen: Hans-Köster-Schacht.

Der Holland-Schacht vor der großen Sanierungsaktion.

20 Zeche Dahlhauser Tiefbau

Die Anfänge des Bergwerkes Dahlhauser Tiefbau reichen bis in das Jahr 1858 zurück. Bis 1965 wurden hier Kohlen gefördert. Danach diente der erst 1960 von Fritz Schupp gebaute Schacht Altendorf als Wetterschacht für die benachbarten Grubenfelder der Zeche Carl Funke in Essen. Nach der Stilllegung im Jahr 1972 erfolgte der Abriss der gesamten Bochumer Anlage am Ufer der Ruhr. Heute erinnerte nur noch ein kleiner Park an dieses Bergwerk im Stadtteil Dahlhausen.

Die Schachtanlage Dahlhauser Tiefbau am Ufer der Ruhr.

Ein erstaunlicher Lebensweg begann auf dem Pütt

Was für ein erstaunlicher Lebensweg – vom Bergmann zum Journalisten, vom NS-Regimegegner zum Märtyrer. Nikolaus Groß war ein Mann mit Gewissen. Geboren am 30. September 1898 in Niederwenigen, schien sein Weg vorgezeichnet. Groß malochte von 1915 bis 1919 auf der Zeche Dahlhauser Tiefbau, wo auch sein Vater schuftete. Er arbeitete auf diesem Pütt an der Ruhr zunächst als Schlepper, dann als Kohlenhauer, setzte sich aber auch für die Rechte der Kumpel ein und engagierte sich in der christlichen Gewerkschaft. 1920 gab Groß seinen Beruf als Bergmann schließlich auf und wurde Jugendsekretär im Gewerkverein Christlicher Jugend in Oberhausen. Nun schrieb er auch für die „Westdeutsche Arbeiterzeitung“ und wurde bald Chefredakteur. In dieser Funktion machte er sich aber nicht nur Freunde. Dem NS-Regime war er sofort ein Dorn im Auge. Groß stellte sich nämlich gegen die Diktatur. Seine Gewerkschaftszeitung wurde daraufhin verboten. Er benannte sie zwar kurzerhand um, aber auch dieses Blatt wurde vom NS-Regime verboten.

Im Zusammenhang mit dem Hitler-Attentat vom 20. Juli 1944 wurde Groß verhaftet und ins Konzentrationslager Ravensbrück gebracht. Ein paar Monate später, im Januar 1945, verurteilte ihn der berüchtigte Berliner Volksgerichtshof zum Tode. Der Grund: Er war zwar nicht am Attentat beteiligt, kannte aber die Beteilig ten. In seinem Todesurteil steht kalt und zynisch: „Er schwamm mit im Verrat, muss folglich auch darin ertrinken.“ Am 23. Januar 1945 wurde Groß in Berlin von den Nationalsozialisten ermordet.

Nikolaus Groß, der später von den Nationalsozialisten hingerichtet wurde, startete auf dieser Ruhrzeche seine bergmännische Ausbildung.

Der letzte Brief, den Groß in Berlin-Plötzensee an seine Familie schrieb, endet mit „Auf Wiedersehen in einer besseren Welt“.

21 Zeche Lothringen

Die Zeche Lothringen in Bochum nahm 1872 die Förderung auf. Das Bergwerk verfügte insgesamt über sechs Schächte auf zwei Werksanlagen. Die Anlage 1/2 lag im Stadtteil Gerthe, die Schächte 3/4 in Bochum-Bergen, hinzu kamen noch zwei Wetter- und Seilfahrtschächte. 1960 wurde die Castrop-Rauxeler Zeche Graf Schwerin übernommen. Sieben Jahre später kam jedoch das Aus für den gesamten Werksverbund. Von der Gerther Anlage sind noch ein Verwaltungsgebäude und zwei Maschinenhäuser erhalten.

Blick auf die Anlage der Zeche Lothringen 1/2 in Bochum-Gerthe.

Mit krummen Stangen unterwegs

Am ehemaligen Zecheneingang mit dem alten Verwaltungsgebäude informiert eine Bildtafel die Besucher über die Geschichte des Pütts.

Ab 1964 arbeitete ich als Maschinenhauer für ein Bergbauunternehmen auf der Zeche Lothringen 1/2 in Bochum-Gerthe. Wir fuhren damals dort mehrere Strecken auf. Mal stand uns ein Ladewagen, mal ein Schrapper zur Verfügung. Ich war unter anderem für die Instandsetzung und Pflege von Bohrhämmern, Ladewagen oder Schrapper – je nach Betriebspunkt – zuständig. Wir arbeiteten nur in Sieben-Stunden-Schichten, denn Lothringen war ein echt heißer Pütt. Wenn ich genug von Schweiß, Staub und heißer Arbeit hatte, schnappte ich mir gegen 12 Uhr einige krumme Bohrstangen und machte mich auf den Weg zum Förderschacht 1. Aber an eine Seilfahrt war hier nicht zu denken, also weiter auf der Fördersohle in Richtung Schacht 6. Hier konnte man auch außerhalb der normalen Seilfahrzeiten den Korb anfordern – und das sogar noch mit Material. Der Weg zwischen den beiden Schächten war zwar nur ein paar Hundert Meter lang, aber mit drei krummen Bohrstangen auf der einen und der prall gefüllten Werkzeugtasche nebst riesiger Kaffee- bzw. Teepulle auf der anderen Schulter ein schweißtreibendes Unterfangen. Aber wer mogeln und die Arbeitszeit um fast eine Stunde verkürzen will, muss und soll ja bekanntlich leiden. Über Tage angekommen, ging es den ganzen Weg wieder zurück. Unser Kalfaktor (Magazinverwalter) freute sich jedenfalls, dass die krummen, aber durchaus wertvollen, rund drei Meter langen Stangen aus Spezialstahl nicht unter Tage blieben.

22 Zeche Erin

Die Zeche Erin in Castrop-Rauxel nahm bereits 1867 den Betrieb auf. Das Bergwerk, das bis 1983 Kohlen förderte, ist eng mit dem Namen William Thomas Mulvany verbunden. Der Bergbaupionier und Unternehmer, der aus Irland („Erin“) stammte, gilt als einer der Väter des Ruhrbergbaus. Im Laufe der langen Geschichte der Anlage wurden insgesamt sieben Schächte abgeteuft. Die höchste Jahresförderung von 1,48 Millionen Tonnen erreichte das Bergwerk im Jahr 1973. Den höchsten Mitarbeiterstand wies der Pütt 1957 auf, als hier 4.799 Kumpel tätig waren. Nach der Stilllegung der Anlage im Jahr 1983 blieb die Kokerei noch ein Jahr in Betrieb. Zwei Fördergerüste sind als Denkmale in Castrop-Rauxel erhalten. Das ehemalige Zechenareal wird als Technologie- und Gewerbepark genutzt.

Vom Stadtzentrum bis zum Zecheneingang von Erin in Castrop-Rauxel waren es einst nur ein paar Hundert Meter. Dominiert wurde die City aber jahrzehntelang von dieser gewaltigen Püttkulisse.

„Hier ist Rauchen verboten …"

Franz Szymczak, der einst seine Ausbildung auf Erin begann, mit seiner alten Lohnkarte. Per Hand musste damals noch die entsprechende persönliche „Geheimzahl" auf der Kartenuhr eingestellt werden.

Am 1. April 1964 betrat Franz-Josef Szymczak erstmals das Gelände der Zeche Erin. Hier arbeiteten bereits sein Großvater, Vater, Onkel und sein Bruder Hans im Über- und Untertagebetrieb. An seine Zeit auf dem Castroper Pütt erinnert sich der spätere Elektrotechniker noch sehr gut. So hütet Szymczak unter anderem auch eine Lohnausweiskarte – eine Art Vorläufer der längst üblichen Scheckkarten. „Ich hatte damals die Markennummer 7119, nur wenn meine damalige Geheimzahl stimmte, die mittels eines drehbaren Zeigers auf der Karte eingestellt werden musste, erhielt ich meinen Lohn", erzählt der 1949 in Herne-Holthausen geborene Szymczak.

Im April 1964 wurden in der Lehrwerkstatt des Castroper Bergwerkes rund 100 Auszubildende der verschiedenen Berufe wie Schlosser, Elektriker oder Bergmann begrüßt. Zunächst ging es zur Einkleidung, denn der Pütt stellte das entsprechende Arbeitszeug nebst Schutzhelm. Anschließend folgten ein Rundgang über das Werksgelände und eine Sicherheitseinweisung. Bei dieser Einweisung wurden den „Neuen“ auch die Rauchverbotszonen erklärt. Zigaretten durften aus Sicherheitsgründen nie im Freien, sondern nur in dafür ausgewiesenen Räumen wie der Kantine oder Kaue angezündet werden.

Am dritten Arbeitstag erhielt Azubi Franz-Josef Szymczak von einem Ausbilder den Auftrag, Material aus dem etwas entfernten Zechenmagazin abzuholen. Der Lehrling machte sich also auf den Weg. Auf halber Strecke, in Höhe des Schachtes 7, kam ihm ein Mann entgegen, der einen weißen Anzug trug. Franz-Josef Szymczak wunderte sich, denn der Weißbehelmte rauchte. Der Jugendliche aus Holthausen sah den Mann an und meinte: „Hier ist doch das Rauchen verboten …“ Daraufhin blieb der Angesprochene stehen und sagte zu dem Azubi: „Komm mal her, mein Junge.“

Franz-Josef Szymczak stutzte, während ihm der Mann den Arm auf die Schultern legte. „Dreh dich mal um“, meinte der Raucher und zeigte auf einen hohen Kamin neben dem Kesselhaus des Pütts, aus dem weißer Qualm in den Castroper Himmel kroch. „Der und ich, wir beide dürfen hier rauchen.“ Dann trennten sich ihre Wege.

Als Szymczak wenig später in die Lehrwerkstatt zurückkehrte, wurde er in die Meisterbude gerufen, wo auch ein Vorarbeiter und ein weiterer Ausbilder warteten. Die Männer grinsten ihn an. „Hast du gut gemacht“, meinte der Werkstattmeister schließlich, „unsere Sicherheitseinweisung ist wohl sehr gut angekommen, denn wir haben gerade ein dickes Lob bekommen.“ Wie sich herausstellte, hatte Franz-Josef Szymczak nämlich ausgerechnet Betriebsführer Pöhler auf das Rauchverbot im öffentlichen Zechenraum hingewiesen.

Während seiner Ausbildungszeit beteiligte sich der Holthausener zusammen mit seinem Freund Friedrich Becker auch an einem freiwilligen Kochkurs. „Er fand damals in einem zecheneigenen Gebäude statt, das aber außerhalb des Püttgeländes lag. Zunächst wurden Friedrich und ich belächelt, weil wir in unserer Freizeit mit Töpfen und Pfannen hantierten. Als sie aber erfuhren, dass es sich bei den anderen 17 Kursteilnehmern um junge Frauen handelte, drückten sich plötzlich unsere Kumpel an so manchen Kochnachmittagen neugierig die Nasen an den dortigen Küchenfenstern platt.“

Im Rahmen seiner Ausbildung war Franz-Josef Syzmczak, der nach Absolvierung einer zweijährigen Bundeswehrzeit in die Elektro-Industrie wechselte, auch für sechs Monate im Untertagebetrieb von Erin tätig. „Dieser Einsatz war notwendig, um den Zechenelektrikerschein zu erwerben“, erzählt der Herner. Dort wurde Szymcazk auch im Streb, bei Arbeiten im Ortsvortrieb und der Elektrowerkstatt eingesetzt.

2016 fand in Castrop ein Treffen der „64er-Erin-Azubis“ statt, dabei erinnerte man sich natürlich auch mit großer Freude an die Anekdoten rund um das Rauchverbot und den Kochkurs.

Vom ehemaligen Zechengelände gelangt man heute direkt über einen Metallsteg in ein modernes Einkaufscenter.

23 Zeche Zollern

Die Zeche Zollern in Dortmund-Bövinghausen ging 1909 in Betrieb. Die Anlage mit den vier Schächten bildete jedoch bald einen Verbund mit der benachbarten Anlage, der Zeche Germania. Dabei galt das Bövinghausener Bergwerk Zollern 2/4 als Musterzeche. 1965 wurde der Betrieb auf Zollern eingestellt, die beiden Schächte wurden verfüllt und die Fördergerüste abgerissen. Wenig später kam auch das Aus für die Germania-Schächte und Zollern 1/3. Doch bald geriet Zollern 2/4 in den Fokus der Industriedenkmalschützer, sie erkannten die Einmaligkeit dieser Anlage. Daher sah man sich nach baugleichen Strebengerüsten um, die dann 1986 und 1988 neu errichtet werden konnten. Sie stammten von der Gelsenkirchener Anlage Wilhelmine Victoria (Schacht 2) und dem Herner Pütt Friedrich der Große (Schacht 4). Heute zählt Zollern zu den wichtigsten Industriedenkmalen des Reviers und wird vom LWL betreut und verwaltet.

Blick auf den Schacht 4 von Zollern in Bövinghausen. Von 1907 bis 1978 gehörte dieses Strebengerüst als Schacht 3 zur damaligen Herner Zeche Friedrich der Große.

Ein Schachtgerüst wandert ins Museum

Eingang der Jugendstil-Zeche Zollern in Dortmund-Bövinghausen. Weil die ursprünglichen Fördergerüste der Zeche bereits auf dem Schrott gelandet waren, ließ der Landschaftsverband Westfalen-Lippe, der heute die Zeche als Museum betreibt, dort die baugleichen Fördertürme aus Herne (Friedrich der Große, links) und Gelsenkirchen (Wilhelmine Victoria, rechts) aufstellen.

Der Schacht 3 des ehemaligen Herner Pütts Friedrich der Große wurde 1907 in Betrieb genommen. Auf „Piepenfritz", wie dieses Bergwerk mit den ehemals sechs Schächten in Herne und Umgebung auch liebevoll genannt wurde, diente das Strebengerüst, das dem von Schacht 4 von Zollern sehr ähnlich war, nur als Wetter- und Materialförderschacht bis zur 5. Sohle in 536 Metern Tiefe. Zwei Jahre nach der Stilllegung der Schächte 3, 4, 5 und 6 der Zeche Friedrich der Große im Jahr 1978 begann man mit dem Abriss.

Weil sich der Landschaftsverband Westfalen-Lippe inzwischen dazu entschlossen hatte, den ehemaligen Jugendstil-Pütt Zollern in Dortmund zu erhalten, begab man sich auf die Suche nach baugleichen Schachtgerüsten, denn in Bövinghausen waren die Originale längst verschwunden. In Herne bei Friedrich der Große und in Gelsenkirchen-Heßler bei Schacht 1 von Wilhelmine Victoria wurde man fündig und rettete die Schachtgerüste vor dem Abriss.

Nach der Demontage in Herne lagerte das „Herner Metall“ mit den acht Tonnen schweren Seilscheiben noch einige Zeit in Dortmund, bevor zwei Spezialfirmen mit dem Wiederaufbau beauftragt wurden. Die Überarbeitung des FdG-Schachtgerüsts zog sich über mehrere Monate hin. Mit rund 5,5 Tonnen Farbe wurde unter anderem die 2.600 Quadratmeter große Metalloberfläche der Konstruktion konserviert. Die Aufstellung des 45 Meter hohen Schachtgerüsts auf Zollern erfolgte 1988. Den vierstufigen Aufbau auf dem Gelände der ehemaligen Zeche Zollern leitete 1987/88 der Dortmunder Richtmeister Erhard Raffer. Er war bereits acht Jahre zuvor für die Demontage des Schachtes 3 in Herne-Horsthausen verantwortlich gewesen.

Bövinghausener Museums-Blick durch die Seilscheiben des einstigen Gelsenkirchener Fördergerüstes auf das Schachtgerüst, das einst in Herne-Horsthausen stand.

Die Demontage des Schachtes 3 in Herne beginnt. Im Hintergrund erkennt man das ehemalige Fördergerüst des Schacht 4. Die Anlage schloss 1978.

Blick über die Gleisanlage von Zollern auf das ehemalige Gerüst von Wilhelmine Victoria.

24 Zeche Germania

Die Zeche Germania in Dortmund-Marten nahm 1858 die Förderung auf. Bis 1955 entstanden im Umfeld des Schachtes 1 weitere vier Schächte. Die höchste Förderung erreichte Germania im Jahr 1964 mit 1,8 Millionen Tonnen. Damals waren rund 4.425 Kumpel auf dem Martener Bergwerk beschäftigt, das 1971 stillgelegt wurde. Der Doppelbock von Schacht 5 blieb erhalten, wurde später abgebaut und nach Bochum gebracht, wo er ab 1973 zum neuen Wahrzeichen des dortigen Deutschen Bergbaumuseums wurde. Der 1955 gebaute Südschacht blieb erhalten und dient heute der Wasserhaltung. Das einstige Zechenareal wurde nach der Schließung in ein Gewerbegebiet umgewandelt.

Der Eingang der Zeche Germania mit dem Doppelbockgerüst.

Gewandertes Wahrzeichen

Das ehemalige Germania-Gerüst ist heute Wahrzeichen des Deutschen Bergbaumuseums in Bochum.

Monteure auf dem Werksgelände in Dortmund. Sie verrichteten ihre Arbeit im Schatten des Gerüstes, das von dem bekannten Architekten Fritz Schupp entworfen wurde.

Vom einst größten Fördergerüst der Welt bis zum Wahrzeichen für ein einzigartiges Museum brauchten die 650 Tonnen Stahl nur 30 Jahre. 1939 hatten in Dortmund-Marten die Teufarbeiten auf dem Gelände der Zeche Germania begonnen, aber erst 1943/44 konnte das über 71 Meter hohe Fördergerüst dort errichtet werden. Geplant war in Marten eine Zentralanlage, die 8.000 Tonnen Kohle pro Tag fördern sollte. Nach der Fertigstellung des Doppelbockgerüstes war dieser Förderturm die leistungsstärkste Einrichtung jener Zeit. Der Entwurf dafür stammte von Friedrich Schupp (1896–1974) und Martin Kemmer (1895–1945). Die beiden weltbekannten Architekten waren unter anderem auch für den Bau der bekannten Fördergerüste von Zollverein 12 (Essen), Pluto (Herne), Rheinpreußen Schacht 8 (Moers), Lohberg 2 (Dinslaken) und Dahlhausener Tiefbau (Bochum) verantwortlich.

Nach der Schließung der Zeche Germania im Jahr 1971 wurde das Schupp-Gerüst demontiert und nach Bochum gebracht. Transport und Wiederaufrichtung des Stahlriesen zogen sich über zwei Jahre hin. Seit 1973 thront dieses Gerüst nun über dem Deutschen Bergbaumuseum. Ein Aufzug bringt die Besucher innerhalb weniger Minuten bis auf die Aussichtsplattform, die Seilscheibenbühne in 50 Metern Höhe. Von hier aus hat man einen guten Blick auf die Seilscheiben, die einen Durchmesser von acht Metern aufweisen, und große Teile des Reviers.

25 Zeche Dorstfeld

Die Zeche Dorstfeld in Dortmund ging bereits 1849 in Betrieb. Bis zur Stilllegung im Jahr 1963 wurden im Umfeld der Zeche zehn Schächte abgeteuft. Die größte Fördermenge erreichten die Dorstfeld-Schächte im Jahr 1939. Damals förderten 3.622 Kumpel 1,329 Millionen Tonnen. Nach der Stilllegung wurden die Zechenareale in Industrie- und Gewerbeflächen umgewandelt. Der Bereich Dorstfeld-West umfasst eine Fläche von 122 Hektar. Hier haben sich 175 Betriebe mit rund 5.000 Beschäftigen angesiedelt. Einige Gebäudeteile der Schächte 2/3 blieben erhalten und stehen unter Denkmalschutz, sie werden unter anderem von der VHS genutzt.

Als die Zeche Dorstfeld in Dortmund noch qualmte – ein Foto aus den 1920er-Jahren, aufgenommen von dem bekannten Berliner Grafiker Hans Klemke.

Dorstfeld schrieb Bergbaugeschichte

Blick auf einen Schacht der Zeche Dorstfeld in Dortmund.

Der restaurierte Zecheneingang in Dorstfeld. An die einstige Großanlage erinnern heute nur noch einige Bauwerke.

Die Zeche Dorstfeld schrieb einst Bergbaugeschichte. So fuhr hier der Erfinder des Dynamits und der Namensgeber des Nobelpreises, Alfred Nobel (1833–1896), ein. 1842 kam Nobel nach Sankt Petersburg. Er beherrschte mit 17 Jahren schon fünf Sprachen (Deutsch, Englisch, Französisch, Russisch und Schwedisch). Nach dem Schulabschluss studierte der Schwede Chemie und Physik. In Paris lernte er während einer Auslandsreise Ascanio Sobrero, den Erfinder des Nitroglyzerins, kennen. Nobel zeigte sich sehr interessiert an dessen Erfindung und richtete 1862 seine Bemühungen darauf, Nitroglyzerin als Sprengstoff in die Sprengtechnik einzuführen. Zwischen 1860 und 1864 experimentierte Nobel unter anderem in Dortmund auf der Zeche Dorstfeld mit Sprengstoffen im Bergbau.

Ab 1885 wurden auf Dorstfeld verschiedene moderne Bergbaumaschinen eingesetzt und getestet, darunter eine Radschrämmaschine. Später kamen hier eine Stoßschrämmaschine der Firma Ingersoll und die Garforth'sche Schrämmaschine zum Einsatz. Vor allem die Maschine der Firma Garforth konnte sich auf dieser Anlage durchsetzen. Sie kam hauptsächlich in Flözen mit einer Mächtigkeit von 70 bis 90 Zentimetern zum Einsatz. Die Arbeitsleistung stieg dabei nachweislich teilweise um 80 Prozent, gleichzeitig sank die Unfallhäufigkeit in Betrieben, in denen dieser Maschinentyp eingesetzt wurde, um rund 50 Prozent. Von Oktober 1989 bis März 1901 wurden auf der Schachtanlage Dorstfeld in Flözen, in denen die Gartforth zum Einsatz kam, 175.000 Tonnen Kohle abgebaut.

Am 26. Dezember 1867 versammelten sich Knappen der Zeche Dorstfeld, um einen Verein zu gründen. Die Gründungsfahne des Knappenvereins Glückauf stellte das Bergwerk. Der Dorstfelder Verein war damit die erste nicht konfessionell gebundene Knappenorganisation Deutschlands.

Als es 1889 im Ruhrrevier zu einer großen Streikwelle kam, trafen sich am 18. August rund 200 Delegierte, die 60 Zechen und 44 Vereine vertraten, zu einer Versammlung im Dorstfelder „Gasthof Ziegler". Hier wurde der Verband zur Wahrung und Förderung bergmännischer Interessen gegründet. Zum Vorsitzenden wählten die Kumpel den Dorstfelder Bergmann Fritz Bunte. Diese bergmännische Vereinigung wurde später in „Alter Verband" umbenannt.

26 Zeche Minister Stein

Das Bergwerk Minister Stein in Dortmund-Eving nahm 1856 den Betrieb auf. Im Laufe der nächsten Jahrzehnte wurden insgesamt sieben Schächte abgeteuft. Die höchste Förderung erreichte das Bergwerk im Jahr 1941, in dem von den 6.820 Evinger Kumpel 3,67 Millionen Tonnen Kohle gefördert wurden. Zeitweise war Minister Stein die größte Zeche des Reviers. Die Kohleförderung pendelte sich in der Nachkriegszeit zwischen 2 und 2,7 Millionen Tonnen pro Jahr ein. Mit der Stilllegung 1982 endete auch in Dortmund die lange Ära des Steinkohlenbergbaus. Der prägende Hammerkopfturm des Evinger Pütts blieb jedoch erhalten. Er ist das Wahrzeichen der Neuen Mitte in Eving.

Die Zeche Minister Stein in Dortmund-Eving nahm bereits 1856 die Förderung auf.

Sein Leben galt dem Bergbau

Nach seiner Entlassung aus der englischen Kriegsgefangenschaft verschlug es den Ostpreußen Max Rehfeld ins Ruhrgebiet. Seine Laufbahn im Bergbau begann er 1948 auf der Dortmunder Schachtanlage Minister Stein und er beendete sie dort Jahrzehnte später als Reviersteiger. Aber auch im Ruhestand ließ ihn der Pütt nicht los. Sein Vorhaben: dem damals schon sterbenden Bergbau ein Denkmal zu setzen. Im einstigen Pförtnerhaus der Zeche Adolf von Hansemann richtete er daher ab 2001 das kleine Bergbaumuseum Kleinzeche Max Rehfeld ein. In vier Museumsräumen werden hier seitdem mehr als 2.000 Exemplare rund um den Bergbau ausgestellt: Querschnitte von Flözen, Miniaturen, Bücher, Bilder, Urkunden und echte Kohle. Jedes Ausstellungsstück ist handgeschrieben in einem Buch aufgeführt und archiviert. In einem der Räume hat Max Rehfeld sogar eine Flözstrecke nachgebaut. Besucher können auch selbst einen Abbauhammer in die Hand nehmen, sich verschiedene Kohlensorten erklären lassen und alte Grubenlampen anzünden.

Als Rehfeld 1948 aus der Gefangenschaft entlassen wurde, konnte er nicht mehr nach Masuren zurück. „Wo sollte ich also hin. Mein Onkel hat damals in Dortmund auf der Zeche Minister Stein als Elektriker und Lokführer gearbeitet und mich zum Bergbau gebracht. Ich fuhr also nach Dortmund“, erzählte der begeisterte Bergmann.

Übergangsweise hat er sogar in einem sogenannten Bullenkloster gewohnt – einer sehr einfachen Unterkunft in der Nähe der Zeche. Als 21-Jähriger hatte Rehfeld erstmals unter Tage gearbeitet, zunächst als Schlepper und Gedingeschlepper, wo er für den Transport und die Förderung im Grubenbetrieb zuständig war, anschließend als Lehrhauer in einem Abbaurevier.

Max Rehfeld in seinem Bergbaumuseum.

Der ehemalige Steiger erzählte weiter: „1951 habe ich meine Hauerprüfung absolviert. Zu dem Zeitpunkt haben wir alles noch mit dem Abbauhammer gemacht. Ich war Kohlenhauer. Das war eine sehr schwere Arbeit. 1958 habe ich die Steigerschule beendet und war dann Gruben- und Tagessteiger. Zum Ende meiner Karriere war ich dann Diplom-Ingenieur.“

Blick auf die Hängebank von Minister Stein am letzten Fördertag.

Am 13. März 2018 starb Max Rehfeld im Alter von 90 Jahren. Seinen Geburtstag hatte er noch in großer Runde auf dem ehemaligen Zechengelände gefeiert. „Wir haben fünf, sechs Ehrenamtliche, die das Museum in Max' Sinne weiterführen", sagte Dr. Martin Kaufmann, Vorsitzender des Bergmannsvereins Kleinzeche Max Rehfeld. Jeden dritten Samstag im Monat und nach Absprache öffnet das Museum weiterhin seine Türen. Eintritt muss nicht gezahlt werden, aber Spenden sind willkommen.

Blick auf den einstigen Gasometer und die markanten Fördertürme in Dortmund-Eving.

Eine Seilscheibe lehnt heute als Denkmal am noch vorhandenen Schachtgerüst.

Ein imposantes Gebäude aus Glas ersetzte in Eving die steinerne Schachthalle.

27 Zeche Gneisenau

Das Bergwerk Gneisenau in Dortmund-Derne förderte von 1886 bis 1985. Zeitweise waren auf dieser Großanlage bis zu 6.300 Kumpel tätig. Im Laufe der fast 100-jährigen Bergbaugeschichte wurden weitere umliegende Zechen an Gneisenau angeschlossen. So die Zeche Victoria (Lünen), die Zeche Kurl und die Zeche Massener Tiefbau. In den 1970er-Jahren war das Derner Bergwerk zeitweise der größte Pütt Europas. 1974 erreichte die Anlage mit den vier Schächten eine Jahresförderung von 4,5 Millionen Tonnen Kohle. Nach der Stilllegung blieben der außergewöhnliche Doppelbock und der sogenannte Tomson-Bock als Denkmale auf dem einstigen Zechenareal erhalten. Heute sind auf dem Gelände ein Gewerbegebiet und ein Einzelhandelszentrum angesiedelt.

Gneisenau-Kumpel werden in Personenwagen zu ihren entlegenen Arbeitsplätzen gefahren.

Kohleabbau war richtige Knochenarbeit

30 Jahre lang hat Horst Krischer auf der Zeche Gneisenau in Dortmund-Derne gearbeitet: „Ich habe 1956 als Berglehrling angefangen, war dann viele Jahre als Hauer unter Tage tätig. Und von 1975 bis 1985 war ich Mitglied des Betriebsrates."

Als Krischer auf Gneisenau begann, war die Arbeit vor Kohle noch richtige Knochenarbeit. 20 bis 25 Kumpel malochten in einem Streb und bekamen täglich ihre Vorgaben, wie viel sie abbauen mussten. Nach einer achtstündigen Schicht kam der Rutschenmeister, überprüfte alles und maß die abgebauten Meter nach. Krischer betonte: „Aber wir waren alle gerne Bergleute."

1959 fuhren viele Ruhrkumpel in die damalige Regierungshauptstadt Bonn, um zu demonstrieren. Es ging um Stilllegungen und das Herunterfahren des Bergbaus. Dem Gneisenau-Kumpel war aber klar, dass man das riesige Gelände in Derne mit den vielen Schächten wohl nicht halten konnte.

Rund 6.000 Kumpel fuhren damals auf Gneisenau ein. Und jeder Bergmann hatte seine eigene Qualifikation – vom Elektriker über den Sprengbeauftragten bis hin zum Hauer. Wer 1985, als der Pütt schloss, nicht in die Anpassung gehen konnte, wurde auf andere RAG-Zechen verlegt.

Inzwischen hat sich in Derne rund um die Schächte einiges verändert. „Ich hätte früher nie geglaubt, dass es hier einmal einen Discounter und Parks geben würde. Heute gibt es hier viel Grün, einfach toll. Allerdings hat man mit der Neugestaltung des ehemaligen Zechenareals mindestens 15 Jahre zu spät begonnen. Daher hat es auch so lange gedauert, bis der Stadtteil die Schließung der Zeche wirklich verkraftet hat", so Krischer.

Blick auf das bekannte Gneisenau-Schachtgerüst.

Das Gneisenau-Areal wird hier zur weiteren Verwendung hergerichtet.

Die Wohnbebauung reichte in Derne – so wie in anderen Ruhrgebietsstädten auch – direkt bis an das Zechengelände.

Auf einem Teil des Gneisenau-Geländes entstand ein Geschäftszentrum.

28 Zeche Minister Achenbach

Das Bergwerk in Lünen-Brambauer nahm im Jahr 1900 die Förderung auf. Bis 1992 wurde auf diesem Pütt mit sieben Schächten Kohle gefördert. Bis zu 6.615 Kumpel malochten zeitweise auf dieser Großschachtanlage. Die höchste Förderung wurde im Jahr 1982 mit 2,7 Millionen Tonnen erreicht. Nach der Stilllegung wurde das etwa 50 Hektar große Areal der Schachtanlage 1/2 in einen Industrie- und Gewerbepark umgewandelt. Lediglich das ehemalige Gesundheitshaus des Bergwerkes blieb erhalten. In einige Gebäude von Achenbach 4 zog nach der Stilllegung das Technologiezentrum Lüntec ein. Auf dem Schachtgerüst thront seitdem als neues Wahrzeichen des Zentrums das sogenannte Colani-Ei – ein Entwurf des bekannten Designers Luigi Colani.

Eine Fördermaschine auf der Zeche Minister Achenbach wird in den 1930er-Jahren von Spezialisten begutachtet.

Bergmann mit Leib und Seele

Die Brüder Schmidt in ihrem Gartenhaus, in dem sich unzählige Bergbau-Utensilien befinden.

Wer die Gartenhütte von Ulrich Schmidt in Lünen-Brambauer betritt, der merkt sofort – das Herz des Hobbygärtners und Fußballfans hängt am Bergbau. Das geräumige Holzhaus ist nämlich prall gefüllt mit Bergbau-Utensilien aller Art. Ulrich, den alle nur „Uli" nennen, fuhr jahrelang auf der Zeche Minister Achenbach ein. Bemalte Arschleder, Grubentelefone und sonstige Erinnerungsstücke hütet der Ex-Kumpel in seiner Bergbauhütte. Auch mehrere Gemälde von Berni Hübner sind hier zu finden. Hübner, ein in Brambauer bekannter Hobbykünstler, hat sie für Uli Schmidt gemalt. Der Hobbymaler fuhr einst wie „Hüttenchef" Schmidt auf Minister Achenbach ein. Er war dort auf Schacht 4 als Seilbahnschlosser tätig und wenn es unter oder über Tage um bergmännische Kunst ging, war er dort ein sehr gefragter Mann. Auch Ulrich Schmidts Vater war jahrelang auf Achenbach angestellt. Er fungierte hier als Fahrer des ehemaligen technischen Direktors des Bergwerkes.

Spezialisten einer Bergbaufirma bei einem Einsatz im Untertagebetrieb der Zeche Minister Achenbach.

Der Eingang des ehemaligen Schachtes 4 von Minister Achenbach.

Blick auf den Schacht 4 in Lünen-Brambauer mit dem sogenannten Colani-Ei.

29 Zeche Waltrop

Die Zeche Waltrop im Kreis Recklinghausen nahm 1905 die Förderung auf. Im Laufe der knapp 75-jährigen Zechengeschichte wurden zwei weitere Schächte abgeteuft. Die Teufung des Schachtes 3 erfolgte erst 1956. Ein Jahr später erreichte das Bergwerk mit 2.817 Beschäftigten die höchste Mitarbeiterzahl. Die höchste Förderung meldete der Pütt im Jahr 1974. Damals bauten hier 2.016 Kumpel 1,13 Millionen Tonnen Kohle ab. 1978 erfolgte ein Zusammenschluss mit der Zeche Minister Achenbach in Lünen-Brambauer, ein Jahr später wurde die Zeche Waltrop stillgelegt. 1988 wurden dann neun der Gebäude auf dem Zechengelände unter Denkmalschutz gestellt, unter anderem die Maschinenhalle, die Kaue, die Lohnhalle und die Fördermaschinengebäude. Heute werden alle renovierten Gebäude, die aus der Gründerzeit stammen, gewerblich genutzt.

Schlager- und Musicalstar Freddy Quinn als Bergmann auf der Zeche Waltrop.

Mit Freddy Quinn in Finefrau

Gesprächsrunde mit Redakteur Hubert Alf Rolla (Köln) und Freddy Quinn (rechts) nach der Grubenfahrt.

„Happy Birthday" in 800 Metern Tiefe. Der Mann mit dem Kohlenstaub im Gesicht und der Pannschüppe in der Hand nahm dankbar das Arschleder in Empfang und schmetterte lautstark „Glückauf, der Steiger kommt." In diesem Moment erkannten alle Bergleute im Flöz „Finefrau" auf der Zeche Waltrop den prominenten Besucher: Freddy Quinn („Der Junge von St. Pauli") war „eingefahren". Bereits zehn Jahre zuvor hatte der Sänger und Schauspieler in einem Interview gesagt: „Ich möchte mal meine Fans vor Ort besuchen." Doch immer war der Terminkalender gegen ihn, erst im Oktober 1977 klappte es schließlich.

Nach den Proben für die „Löwenverleihung" von Radio Luxemburg in der Dortmunder Westfalenhalle brachte ihn die Lüner Fotografin Uschi Frommholz nach Waltrop. Ein Hauer, der immer eine Mundharmonika in der Tasche hatte, brachte dem prominenten Gast ein Ständchen. Was er spielte? „Junge, komm bald wieder" natürlich. Er bekam von Freddy Quinn eine wertvolle Mundharmonika geschenkt. Auch in 800 Metern Tiefe kam der Wahl-Hamburger nicht ohne Musik davon. Für Zechendirektor Franz-Josef Lappe, er wurde an diesem Tag 50 Jahre alt, sang Quinn ein Ehrenständchen

Nach der Stippvisite in der Tiefe zeigte sich, dass der Bühnenliebling ein ungewöhnlicher Kumpel war. Obwohl er zum „Hauer auf Lebenszeit" ernannt wurde, schlug er beim Umtrunk das Bier und den Klaren aus – der Antialkoholiker verlangte schlicht nach einem Glas Mineralwasser. Den stolzen Bergleuten auf der Zeche Waltrop war das egal.

Die letzten Tage der Zeche Waltrop waren angebrochen: Noch wurde der Schacht zur Bergung von Material und zur Schachtsicherung benötigt.

Blick in die schöne Lohnhalle der Zeche Waltrop. Heute befindet sich hier ein Restaurant.

HASE

Blick von der Zechenhalde auf die unter Denkmalschutz stehenden Gebäude des ehemaligen Bergwerkes Waltrop.

30 Zeche Sachsen

Die Zeche Sachsen mit ihren fünf Schächten existierte von 1912 bis 1976. Die höchste Förderung erreichte das Heesener Bergwerk im Jahr 1962. Damals bauten die 3.205 Kumpel 1,21 Millionen Tonnen Kohle ab. Die Geschichte des Bergwerkes in der Nähe von Hamm ist geprägt von unzähligen Unglücken. Auf diesem Pütt starben in der 64-jährigen Zechengeschichte insgesamt 535 Kumpel. Nach der Schließung entstand auf dem Areal ab 1976 ein ökologisch orientierter Gewerbepark. Erhalten blieb nur die ehemalige Maschinenhalle der Zeche. Das denkmalgeschützte Gebäude mit dem Sinnspruch „Kohle ist Brot" über dem Eingang wird heute als Veranstaltungshalle genutzt.

Die Zeche Sachsen förderte von 1912 bis 1976.

Bergmann auf Sachsen – Minister in Bonn

Der Tod seines Vaters beeinflusste die jahrzehntelange politische Arbeit des Gewerkschaftlers und späteren Ministers Walter Arendt, der 1939 seine Karriere als Bergmann auf der Zeche Sachsen bei Hamm begann. 1925 wurde Arendt als Sohn eines Kumpels in Heesen geboren. Nach dem Besuch der Volksschule ging er wie sein Vater zum Pütt. Bis 1947 fuhr Walter Arendt tagtäglich auf Sachsen ein, danach besuchte der junge, politisch interessierte Bergmann zwei Jahre lang die Akademie der Arbeit in Frankfurt. Bereits 1948, ein Jahr vor dem Abschluss, erhielt der Gewerkschaftler eine Aufgabe in der Presseabteilung der IG Bergbau und stieg hier bis 1955 zum kommissarischen Leiter der Abteilung in Bochum auf.

Bald wurde der gelernte Bergmann in den geschäftsführenden Vorstand der großen Bergarbeiter-Gewerkschaft berufen. Nach neun Jahren stand er an der Spitze der IG Bergbau und vertrat somit die Interessen aller organisierten Kumpel. Ein Hauptanliegen des engagierten Gewerkschaftlers war der Kampf um eine frühe Pensionierung seiner Kollegen, denn Arendt hatte immer den Tod seines Vaters vor Augen, der an einer Staublunge starb. Drei Jahre nach der Wahl zum Vorsitzenden der IG BCE erfolgte die Wahl zum Präsidenten der Internationalen Bergarbeitergewerkschaft.

1961 kandidierte Arendt auch erstmals für den Bundestag, zunächst im Wahlkreis Gelsenkirchen und ab 1976 im Wahlkreis Herne/Castrop-Rauxel. In der sozialliberalen Koalition wurde Arendt ab 1969 im Kabinett von Willy Brandt erstmals Arbeits- und Sozialminister. Als Helmut Schmidt danach die Regierungsgeschäfte übernahm, war der Heesener wieder als Minister dabei, schied aber 1976 vorzeitig auf eigenen Wunsch aus.

Walter Arendt begann als Bergmann auf der Zeche Sachsen, später wurde er Bundesarbeitsminister.

Acht Jahr lang – von 1961 bis 1969 – vertrat der gelernte Bergmann die Interessen seines Wahlkreises auch im Europaparlament. Dem Bundestag gehörte Arendt, der 2005 starb, bis 1980 an. Dann zog er sich aus der politischen Szene zurück, in der er sich über Jahrzehnte den Ruf eines engagierten Sozialpolitikers und Anwalts der Schwachen erworben hatte.

Walter Arendt (rechts) während eines Besuchs Anfang der 1970er-Jahre auf der Herner Schachtanlage Friedrich der Große.

Die Abbrucharbeiten auf der Zeche Sachsen haben begonnen.

Nur die Maschinenhalle der Zeche Sachsen blieb erhalten.

Botschaften auf Grubenwagen

Im Bergbau sprach man von „Leeren" und „Vollen" – gemeint waren die Grubenwagen, auch als Loren oder Hunde bekannt, die zwischen untertägigem Kohlenabbaubetrieb und übertägiger Schlackenhalde im Einsatz waren. Diese Grubenwagen wurden auch gerne als „Botschaftsträger" genutzt. Vor allem dann, wenn Förderungsrekorde gefeiert wurden oder wenn die Schließung eines Bergwerkes anstand. Gehasst und verpönt waren die Botschaften, die Aufsichten auf den Wagen hinterließen, das sogenannte „Nullen". Schrieb der Steiger mit Kreide eine Null auf die Seitenwand des Wagens, galt der Inhalt als wertlos – denn der Anteil des Nebengesteins aus dem jeweiligen Flöz war höher als der des „schwarzen Goldes". Mit diesem „Nullen" waren die Bergleute, die nach Tonnenleistung (Gedinge) entlohnt wurden, oft der Willkür der jeweiligen Strebaufsicht ausgesetzt.

Die Förderwagen dienten auch zum Transport von notwendigem Material. Zudem wurden sie oft und gerne als fahrbare Untersätze genutzt. Da die Abbaubetriebe oft einige Kilometer vom Seilfahrtschacht entfernt lagen, kletterten die Kumpel schon mal in einen Hund, um damit ihre Arbeitsplätze zu erreichen.

Im modernen Bergbau spielten die Grubenwagen eigentliche keine Rolle mehr, denn die abgebaute Kohle erreichte über ein ausgefeiltes Bandsystem und Schächte mit wagenloser Skipförderung das Tageslicht, um hier getrennt, klassifiziert, gewaschen und verladen zu werden. Förderwagen, die einst das „schwarze Gold" des Reviers transportierten, erinnern heute jedoch weiterhin unter anderem an vielen übertägigen Plätzen, Straßen und Gärten an die Steinkohlenbergbauzeit, die bekanntlich im Dezember 2018 endete.

Vor dem Heimathaus in Waltrop erinnert dieser Förderwagen an den ehemaligen Pütt.

Im März 1978 ließen sich Mitglieder der Grubenwehr Friedrich der Große in Herne vor dem letzten Förderwagen ablichten.

Der letzte geförderte Großraumwagen der Zeche Jacobi in Oberhausen-Osterfeld im Jahr 1974.

Die letzten Kohlen aus Flöz Dickbank von Prosper 3 in Bottrop im Dezember 1979.

Der letzte mit Kohle gefüllte Förderwagen auf dem Oberhausener Bergwerk Osterfeld.

„Ich mach' jetzt Schluss in dunkler Nacht, Humor ist, wenn man trotzdem lacht" – lautete diese Wagenbotschaft.

Der millionste Förderwagen auf der Hängebank der ehemaligen Schachtanlage Shamrock 3/4 in Wanne-Eickel.

Bildnachweis

Friedhelm Wessel: S. 9, 10 (2), 11, 12, 13, 14, 19 (oben), 21, 22, 23 (2), 24 (3), 28 (2), 29 (2) 34, 37 (2), 39 (2), 40, 45 (oben), 46, 47, 48 (2), 49, 52, 53, 54 (2), 55, 56, 57 (2), 58 (2), 59, 60, 67 (3), 75 (2), 79, 81, 83, 84, 85, 86, 91 (links), 93 (rechts), 95, 96 (unten), 97, 100 (2), 101, 103, 104 (unten), 105, 109, 114 (unten), 115, 116, 121;
Archiv Friedhelm Wessel: S. 7, 15, 16, 17, 18, 19 unten, 20, 21 oben, 26, 27, 30, 31, 35, 36, 38, 41, 42, 43 (2), 44, 45 (unten), 50, 51 (2), 62, 63, 64, 66, 68, 69 (2), 70, 71, 72, 73, 74, 76, 77, 78, 80, 87, 90, 91 (rechts), 92, 93 (links), 94, 96 (oben), 96 (Mitte), 98, 99, 102, 104 (oben), 108, 112, 113, 114 (oben), 117 (2), 118 (2), 119 (2), 121;
Uschi Frommholz: S. 106, 107;
Udo Kühn: S. 25;
Klaudia de Vos: S. 8;
Shutterstock/Chris Hoff: Einband vorne;
Shutterstock/trabantos: S. 2/3;
Shutterstock/John-Fs-Pic: S. 31;
Shutterstock/mitifoto: S. 32/33;
Shutterstock/suehling: S. 60/61;
Shutterstock/saiko3p: S. 88/89;
Shutterstock/MagicPitzy: S. 110/111;
Shutterstock/Sebastian27: Nachsatz.

Der damalige Betriebsratsvorsitzende Karl-Heinz Trojahn (3.v.l.) und IGBE-Vorsitzender Adolf Schmidt (4.v.l.) in den 1980er-Jahren.

Seite 2/3: Blick über die Zeche Zollverein in Essen.
Nachsatz: Sonnenuntergang über der Zeche Ewald in Herten.

Impressum

Sutton Verlag GmbH
Arnstädter Straße 8
99096 Erfurt
www.suttonverlag.de

ISBN: 978-3-96303-307-0
Druck: Florjančič Tisk d.o.o. / Slowenien
Gestaltung und Herstellung: Sutton Verlag

Buchhinweise

Friedhelm Wessel

Essen 1950 bis 2000

Bilder erzählen Geschichte

19,99 € | ISBN: 978-3-96303-306-3

Friedhelm Wessel

Herne

in historischen Fotografien

19,99 € | ISBN: 978-3-96303-252-3